これでわかる算数 小学2年

文英堂編集部 編

文英堂

とくべつふろく

教科書のまとめカード30

1

〔時こくと 時間〕

➡9ページ

- 時計の長いはりがひとまわりする時間が，１時間。
  １時間＝60分
- 時計の短いはりがひとまわりする時間は，12時間。
- １日＝24時間

答　(1)2時10分　(2)11時15分
　　(3)4時50分　(4)60　(5)3　(6)90

2

〔たし算の ひっ算〕

➡13ページ

38+26の たし算

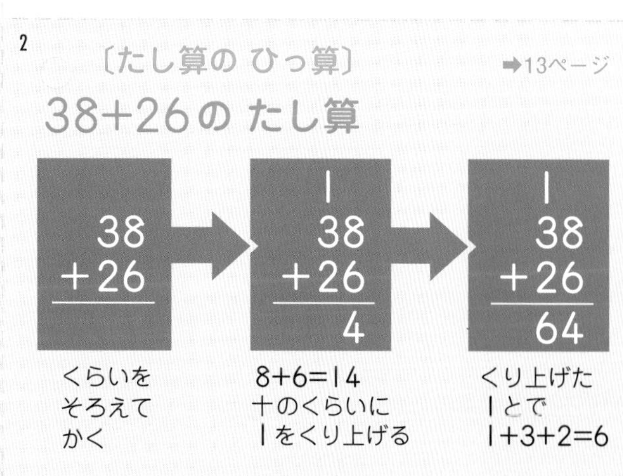

答　(1)38　(1)79　(3)67　(4)81　(5)96　(6)70

3

〔ひき算の ひっ算〕

➡19ページ

64−28の たし算

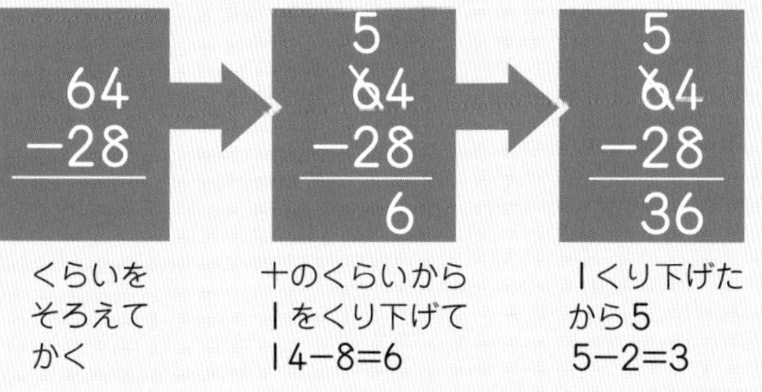

くらいを
そろえて
かく

十のくらいから
１をくり下げて
14−8=6

１くり下げた
から5
5−2=3

答　(1)63　(2)30　(3)6　(4)49　(5)36　(6)56

4

〔長さ（cm，mm）〕

➡25ページ

センチメートル

ミリメートル

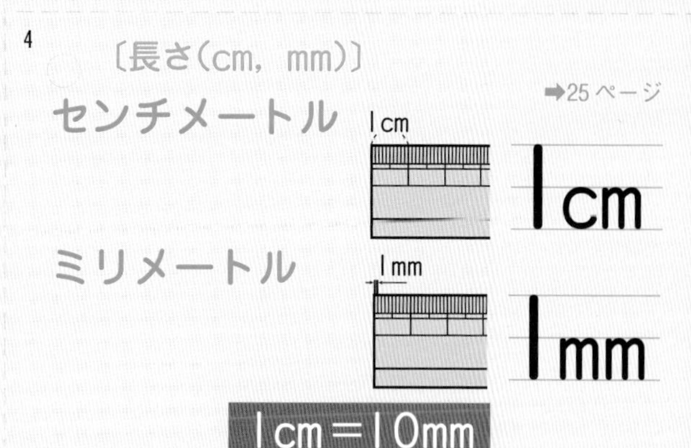

1cm＝10mm

答　長いじゅんに，35mm，3cm，27mm，2cm6mm
　　(1)11cm5mm　(2)3cm4mm　(3)2mm

5

〔水の かさ〕

➡39ページ

リットル　1L

デシリットル　1dL

ミリリットル　1mL

1L=10dL，1L=1000mL

答　(1)10　(2)300　(3)4　(4)4　(5)mL　(6)L

6

〔かさの 計算〕

➡39ページ

あわせた かさ

1L 1L 1L 1L 1L　1L 1L 1L

5L＋3L＝8L

のこりの かさ

1L 1L 1L 1L 1L 1L 1L 1L 1L

9L－4L＝5L　とる

答　多いじゅんに，4L，3dL，200mL
　　(1)7L　(2)3L1dL　(3)9dL　(4)1L7dL

カードのつかい方としくみ

ミシン目で　切りとってください。リングに　とじて　つかえば　べんりです。

- カードの おもてには，教科書の たいせつなことを まとめています。
- カードの うらには，テストに よく出る もんだいを のせています。
- もんだいの 答えは，おもての いちばん 下に のせています。

1

時こくを いいましょう。

(1)　(2)　(3)

□に あてはまる数を いいましょう。

(4)　1時間＝□分

(5)　180分＝□時間

(6)　1時間30分＝□分

2

たし算を しましょう。

(1)　13 ＋25

(2)　48 ＋31

(3)　27 ＋40

(4)　52 ＋29

(5)　28 ＋68

(6)　37 ＋33

3

ひき算を しましょう。

(1)　77 −14

(2)　65 −35

(3)　89 −83

(4)　96 −47

(5)　51 −15

(6)　80 −24

4

長いじゅんに かきましょう。

27mm　　3cm

2cm6mm　　35mm

長さの 計算を しましょう。

(1)　8cm5mm＋3cm

(2)　6cm4mm−3cm

(3)　10mm−8mm

5

□に あてはまる数を いいましょう。

(1)　1L＝□dL

(2)　3dL＝□mL

(3)　4000mL＝□L

(4)　□L＝40dL

□の たんいを いいましょう。

(5)　かんジュースのかんには，ジュースが 180□入ります。

(6)　おふろのよくそうには，350□の水が 入ります。

6

かさの 多いじゅんに いいましょう。

3dL　　200mL　　4L

(　　)　(　　)　(　　)

かさの 計算を しましょう。

(1)　4L＋3L

(2)　2L3dL＋8dL

(3)　1L5dL−6dL

(4)　2L−3dL

7

〔計算の　じゅんじょ〕

➡46ページ

●たし算では，たす じゅんじょを かえても 答えは 同じ。

15＋32＝47　32＋15＝47

●ひき算では，じゅんに ひいても，まとめて ひいても 答えは 同じ。

34－6－5＝28 － 5＝23

34－6－5＝34－11＝23

答 (1)23 (2)8 (3)56 (4)24 (5)43 (6)15

8

〔( )を つかった しき〕

➡48ページ

●まとめて たす ときは，( )をつかう。

●まとめて ひく ときは，( )をつかう。

160−40−30=160−(40+30)

●( )の 中は さきに 計算する。

答 (1)9 (1)7 (3)29 (4)33 (5)32

9

〔答えが 100を こえる たし算〕

➡53ページ

75+89の　たし算

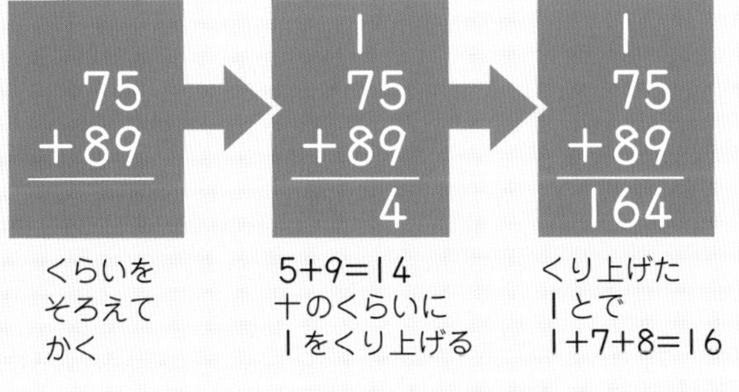

くらいを そろえて かく

5+9=14 十のくらいに 1をくり上げる

くり上げた 1とで 1+7+8=16

答 (1)178 (2)105 (3)153 (4)164 (5)110 (6)104

10

〔ひかれる数が 100を こえる ひき算〕

➡59ページ

132−94の　ひき算

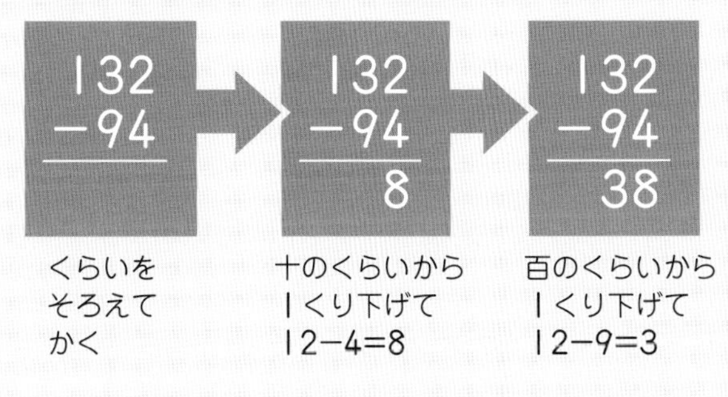

くらいを そろえて かく

十のくらいから 1くり下げて 12−4=8

百のくらいから 1くり下げて 12−9=3

答 (1)61 (1)85 (3)88 (4)97 (5)37 (6)7

11

〔5のだんの 九九〕

➡66ページ

5×1=5　五一が　5
5×2=10　五二　10
5×3=15　五三　15
5×4=20　五四　20
5×5=25　五五　25
5×6=30　五六　30
5×7=35　五七　35
5×8=40　五八（ごは）　40
5×9=45　五九（ごっく）　45

5ずつ ふえていく。

答 (1)15 (2)10 (3)40 (4)5 (5)20 (6)30 (7)35 (8)45 (9)25

12

〔2のだんの 九九〕

➡66ページ

2×1=2　二一が　2
2×2=4　二二（ににん）が　4
2×3=6　二三が　6
2×4=8　二四が　8
2×5=10　二五　10
2×6=12　二六　12
2×7=14　二七　14
2×8=16　二八　16
2×9=18　二九　18

2ずつ ふえていく。

答 (1)4 (2)8 (3)14 (4)18 (5)6 (6)12 (7)2 (8)10 (9)16

13

〔3のだんの 九九〕

➡68ページ

3×1=3　三一が　3
3×2=6　三二が　6
3×3=9　三三が　9
3×4=12　三四　12
3×5=15　三五　15
3×6=18　三六（さぶろく）　18
3×7=21　三七　21
3×8=24　三八（さんぱ）　24
3×9=27　三九　27

3ずつ ふえていく。

答 (1)12 (2)6 (3)27 (4)3 (5)21 (6)18 (7)24 (8)9 (9)15

14

〔4のだんの 九九〕

➡68ページ

4×1=4　四一が　4
4×2=8　四二　8
4×3=12　四三　12
4×4=16　四四　16
4×5=20　四五　20
4×6=24　四六　24
4×7=28　四七　28
4×8=32　四八（しは）　32
4×9=36　四九　36

4ずつ ふえていく。

答 (1)16 (2)12 (3)32 (4)28 (5)4 (6)20 (7)36 (8)8 (9)24

8

□に あてはまる 数を いいましょう。

(1) $23+9+5=23+(□+5)$

(2) $41-5-□=41-(5+7)$

計算を しましょう。

(3) $27+(7-5)$

(4) $36-(8-5)$

(5) $26+(9-3)$

7

□に あてはまる 数を いいましょう。

(1) $23+15=15+□$

(2) $12+□=8+12$

計算をしましょう。

(3) $46+7+3$ (4) $14+8+2$

(5) $53-6-4$ (6) $29-9-5$

10

ひき算を しましょう。

(1) $142-81$ (2) $180-95$ (3) $124-36$

(4) $135-38$ (5) $115-78$ (6) $104-97$

9

たし算を しましょう。

(1) $82+96$ (2) $73+32$ (3) $93+60$

(4) $85+79$ (5) $48+62$ (6) $46+58$

12

かけ算を しましょう。

(1) 2×2 (2) 2×4 (3) 2×7

(4) 2×9 (5) 2×3 (6) 2×6

(7) 2×1 (8) 2×5 (9) 2×8

11

かけ算を しましょう。

(1) 5×3 (2) 5×2 (3) 5×8

(4) 5×1 (5) 5×4 (6) 5×6

(7) 5×7 (8) 5×9 (9) 5×5

14

かけ算を しましょう。

(1) 4×4 (2) 4×3 (3) 4×8

(4) 4×7 (5) 4×1 (6) 4×5

(7) 4×9 (8) 4×2 (9) 4×6

13

かけ算を しましょう。

(1) 3×4 (2) 3×2 (3) 3×9

(4) 3×1 (5) 3×7 (6) 3×6

(7) 3×8 (8) 3×3 (9) 3×5

15

〔6のだんの　九九〕

➡74ページ

6×1=6	六一が	6
6×2=12	六二	12
6×3=18	六三	18
6×4=24	六四	24
6×5=30	六五	30
6×6=36	六六	36
6×7=42	六七	42
6×8=48	六八(ろくは)	48
6×9=54	六九(ろっく)	54

6ずつ ふえていく。

答　(1)30　(2)18　(3)36　(4)54　(5)6　(6)24　(7)12　(8)48　(9)42

16

〔7のだんの　九九〕

➡74ページ

7×1=7	七一が	7
7×2=14	七二	14
7×3=21	七三	21
7×4=28	七四	28
7×5=35	七五	35
7×6=42	七六	42
7×7=49	七七	49
7×8=56	七八(しちは)	56
7×9=63	七九	63

7ずつ ふえていく。

答　(1)21　(2)7　(3)42　(4)28　(5)14　(6)49　(7)35　(8)63　(9)56

17

〔8のだんの　九九〕

➡76ページ

8×1=8	八一が	8
8×2=16	八二	16
8×3=24	八三	24
8×4=32	八四	32
8×5=40	八五	40
8×6=48	八六	48

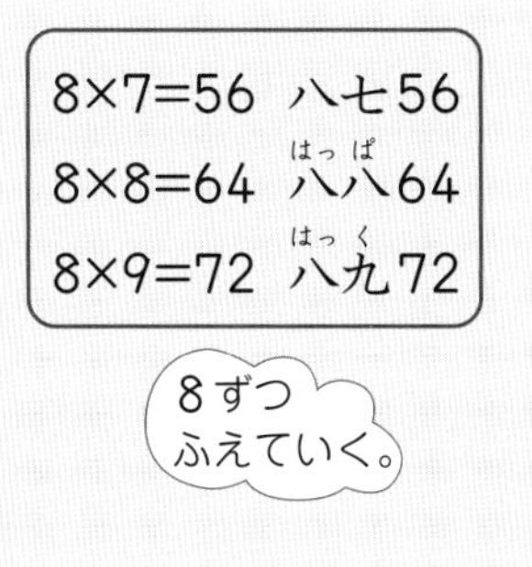

8×7=56	八七	56
8×8=64	八八(はっぱ)	64
8×9=72	八九(はっく)	72

8ずつ ふえていく。

答　(1)24　(2)40　(3)64　(4)8　(5)16　(6)72　(7)32　(8)48　(9)56

18

〔9のだんの　九九〕

➡76ページ

9×1=9	九一が	9
9×2=18	九二	18
9×3=27	九三	27
9×4=36	九四	36
9×5=45	九五	45
9×6=54	九六	54
9×7=63	九七	63
9×8=72	九八(くは)	72
9×9=81	九九	81

9ずつ ふえていく。

答　(1)27　(2)81　(3)9　(4)18　(5)36　(6)63　(7)45　(8)72　(9)54

19

〔1のだんの　九九〕

➡76ページ

1×1=1	一一(いんいち)が	1
1×2=2	一二(いんに)が	2
1×3=3	一三(いんさん)が	3
1×4=4	一四(いんし)が	4
1×5=5	一五(いんご)が	5
1×6=6	一六(いちろく)が	6

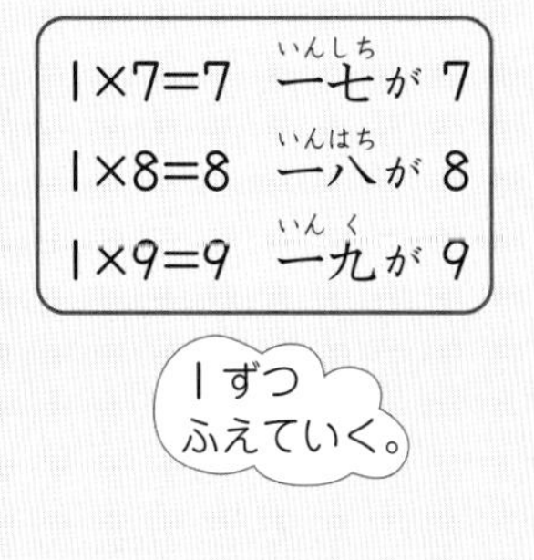

1×7=7	一七(いんしち)が	7
1×8=8	一八(いんはち)が	8
1×9=9	一九(いんく)が	9

1ずつ ふえていく。

答　(1)8　(2)2　(3)9　(4)3　(5)5　(6)7　(7)4　(8)6　(9)1

20

〔九九の　きまり〕

➡81ページ

●かける数が1ふえると，かけられる数だけ大きくなる。

かけられる数　かける数

7×3＝7×2＋7

1ふえる　かけられる数

●かける数が1へると，かけられる数だけ小さくなる。

かけられる数

8×4＝8×5－8

1へる

答　(1)7　(2)6　(3)4　(4)7　(5)3　(6)5

21

〔九九の　ひょう〕

➡82ページ

●よこには，かけられる数ずつふえていく。

●たてには，かける数ずつふえていく。

╳	かける数								
	1	2	3	4	5	6	7	8	9
かけられる数 1	1	2	3	4	5	6	7	8	9
2	2	4	6	8	10	12	14	16	18
3	3	6	9	12	15	18	21	24	27
4	4	8	12	16	20	24	28	32	36
5	5	10	15	20	25	30	35	40	45
6	6	12	18	24	30	36	42	48	54
7	7	14	21	28	35	42	49	56	63
8	8	16	24	32	40	48	56	64	72
9	9	18	27	36	45	54	63	72	81

答　(1)28　(2)36　(3)56

22

〔三角形と四角形〕

➡88ページ

三角形…3本の 直線で かこまれた 形。

ちょう点　へん　三角形

四角形…4本の 直線で かこまれた 形。

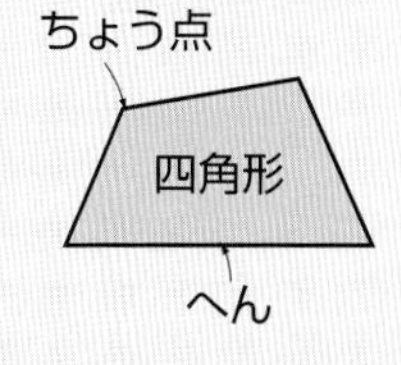

答　(1)四角形　(2)三角形　(3)へん，ちょう点

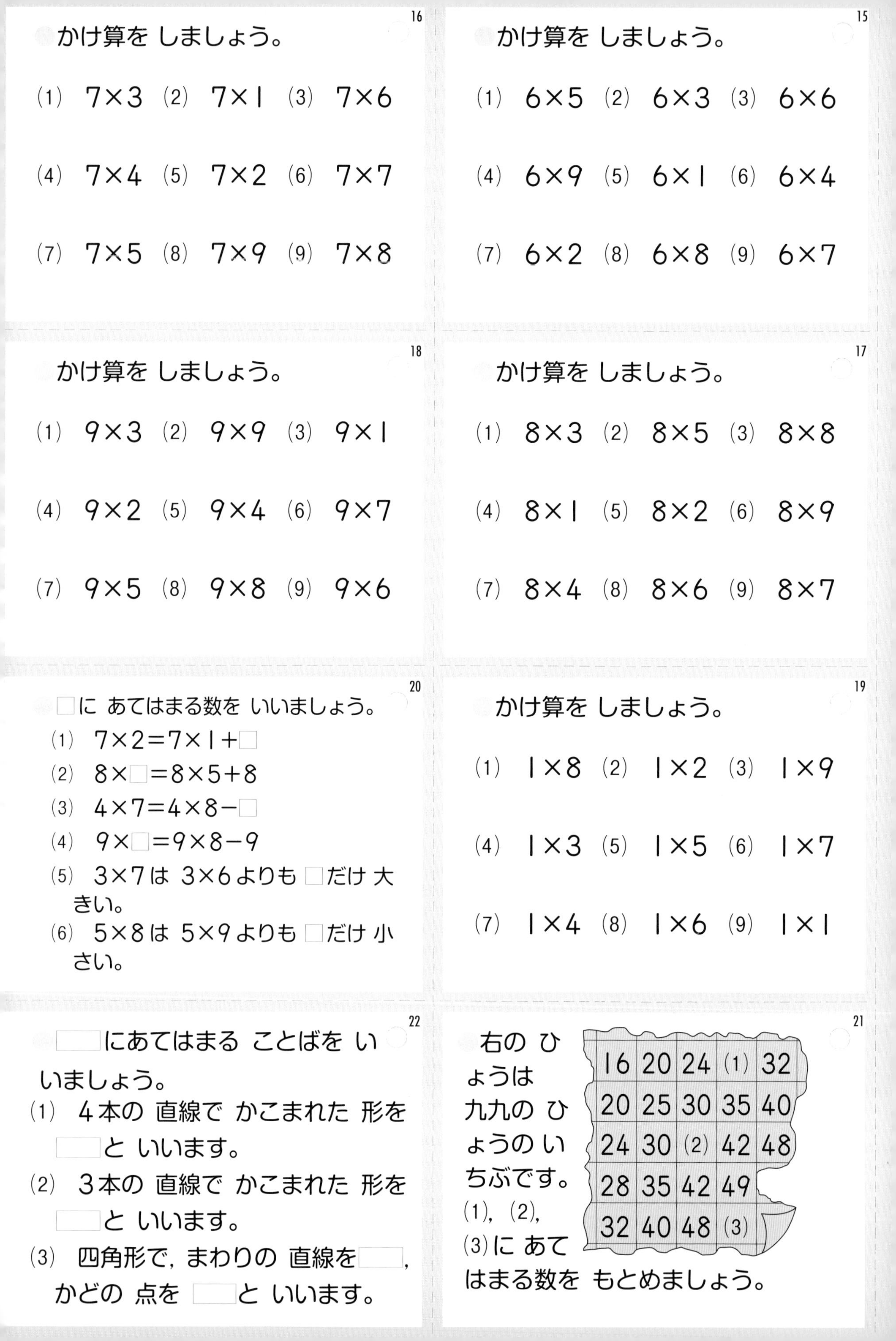

15

かけ算を しましょう。

(1) 6×5　(2) 6×3　(3) 6×6

(4) 6×9　(5) 6×1　(6) 6×4

(7) 6×2　(8) 6×8　(9) 6×7

16

かけ算を しましょう。

(1) 7×3　(2) 7×1　(3) 7×6

(4) 7×4　(5) 7×2　(6) 7×7

(7) 7×5　(8) 7×9　(9) 7×8

17

かけ算を しましょう。

(1) 8×3　(2) 8×5　(3) 8×8

(4) 8×1　(5) 8×2　(6) 8×9

(7) 8×4　(8) 8×6　(9) 8×7

18

かけ算を しましょう。

(1) 9×3　(2) 9×9　(3) 9×1

(4) 9×2　(5) 9×4　(6) 9×7

(7) 9×5　(8) 9×8　(9) 9×6

19

かけ算を しましょう。

(1) 1×8　(2) 1×2　(3) 1×9

(4) 1×3　(5) 1×5　(6) 1×7

(7) 1×4　(8) 1×6　(9) 1×1

20

□に あてはまる数を いいましょう。

(1) $7\times2=7\times1+\square$

(2) $8\times\square=8\times5+8$

(3) $4\times7=4\times8-\square$

(4) $9\times\square=9\times8-9$

(5) 3×7は 3×6よりも □だけ 大きい。

(6) 5×8は 5×9よりも □だけ 小さい。

21

右の ひょうは 九九の ひょうの いちぶです。(1), (2), (3)に あてはまる数を もとめましょう。

16	20	24	(1)	32
20	25	30	35	40
24	30	(2)	42	48
28	35	42	49	
32	40	48	(3)	

22

□にあてはまる ことばを いいましょう。

(1) 4本の 直線で かこまれた 形を □と いいます。

(2) 3本の 直線で かこまれた 形を □と いいます。

(3) 四角形で，まわりの 直線を□，かどの 点を □と いいます。

23

〔直角と 長方形〕

➡90ページ

直角…右のあ，いのようなかどの形を直角という。

長方形…かどがみんな直角の四角形。長方形のむかいあっている辺の長さは同じ。

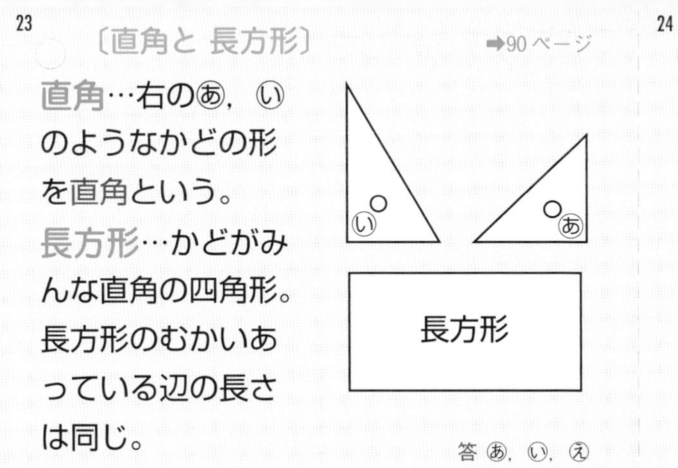

答 あ，い，え

24

〔正方形と 直角三角形〕

➡90ページ

正方形…かどがみんな直角で，辺の長さがみんな同じ四角形。

直角三角形…1つのかどが直角になっている三角形。

正方形

直角三角形

ここが直角

答 長方形う，え，正方形い，お，直角三角形あ，か

25

〔長さ(m)〕

➡95ページ

メートル…長い 長さを あらわすときに つかう。

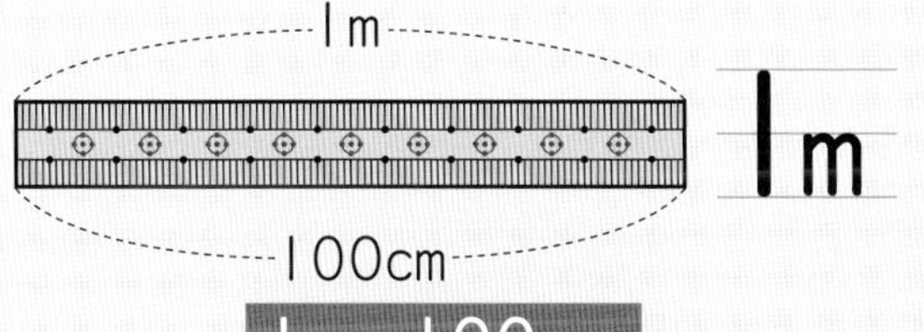

1m＝100cm

答 (1)200 (2)4 (3)1，10 (4)215
(5)3m60cm (6)1m80cm

26

〔10000までの 数〕

➡101ページ

10000…1000を 10こ あつめた 数を 一万といい，10000とかく。

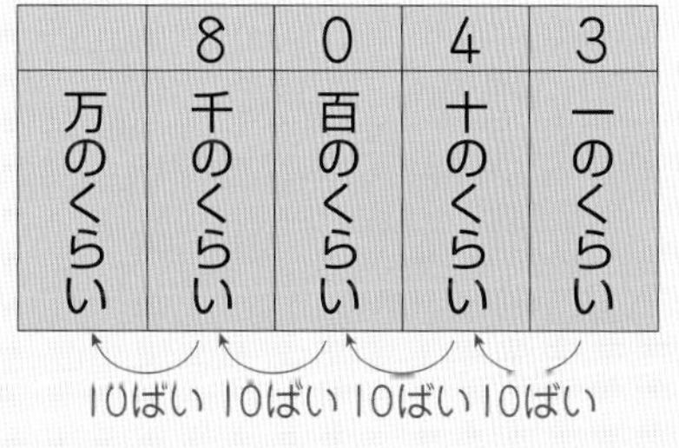

	8	0	4	3
万のくらい	千のくらい	百のくらい	十のくらい	一のくらい

答 3052まい

27

〔大きな 数の しくみ〕

➡101ページ

- 100を 10こ あわせると 1000
- 1000を 10こ あわせると 10000
- 10000は 9999より 1大きい数
- 10000より 1小さい 数は 9999

答 (1)1200 (2)2500 (3)8000 (4)3246 (5)8808

28

〔たし算の もんだい〕

➡105，111ページ

(もんだい) ケーキを 3こ たべたので，のこりは 17こに なりました。はじめ なんこ あったのでしょう。

(考えかた)

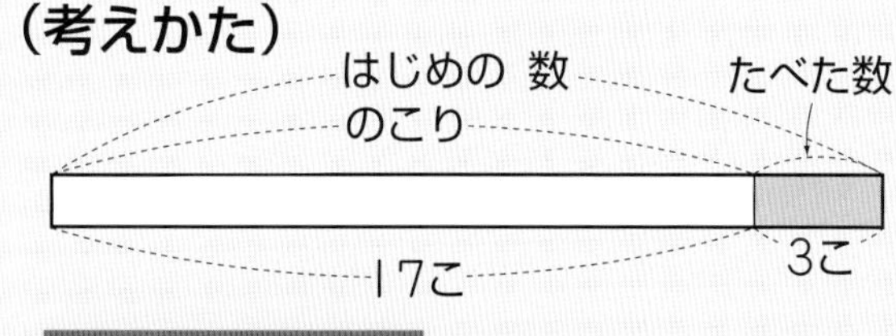

17＋3＝20 20こ

答 64ページ

29

〔ひき算の もんだい〕

➡105，111ページ

(もんだい) 6人 遊(あそ)んで います。なん人か きたので，15人に なりました。なん人 きたのでしょう。

(考えかた)

ぜんたいの 数

はじめの 数　きた人の 数

6人

15人

15−6＝9　9人

答 80円

30

〔はこの 形〕

➡117ページ

面…たいらなところが面。

へん…へりがへん。

ちょう点…かどのとがったところ。

はこ作り…ひらいた図を組み立てると，はこができる。

面　へん　ちょう点

答 (1)3cm，4cm，6cmがそれぞれ4本 (2)8こ

24

長方形，正方形，直角三角形は どれでしょう。

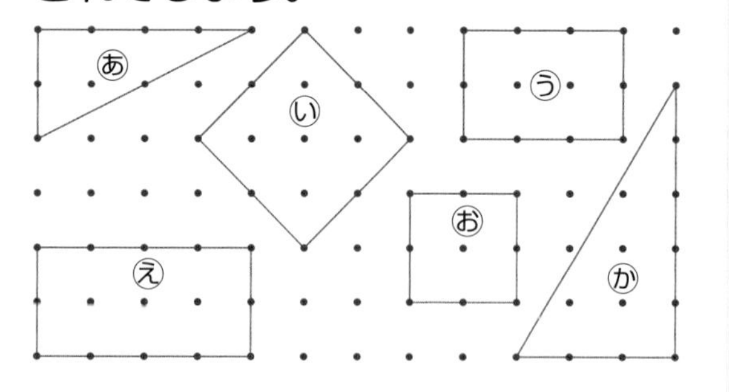

23

長方形は どれでしょう。

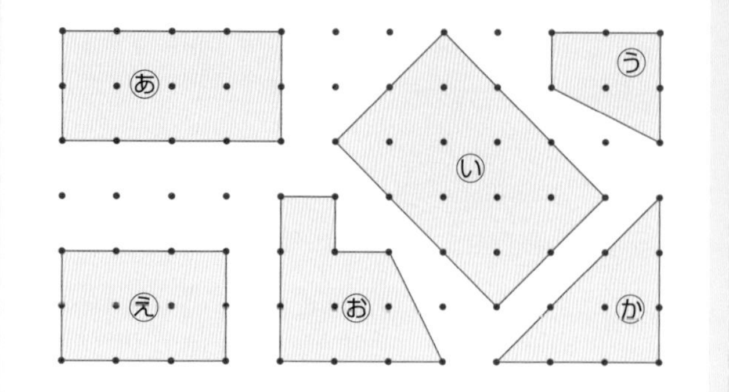

26

紙は なんまい あるでしょう。

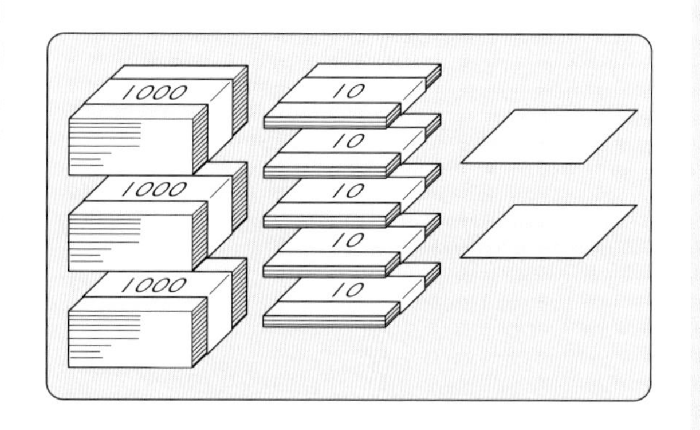

25

□に あてはまる 数を いいましょう。

(1) 2m＝□cm (2) 400cm＝□m

(3) 110cm＝□m□cm

(4) 2m15cm＝□cm

長さの 計算を しましょう。

(5) 3m20cm＋40cm

(6) 4m80cm − 3m

28

本を 24ページ 読んだので，のこりが 40ページに なりました。本は 何ページ あったのでしょう。

27

つぎの 数を いいましょう。

(1) 100を 12こ あつめた 数

(2) 100を 25こ あつめた 数

(3) 1000を 8こ あつめた 数

(4) 3000と 200と 40と 6を あわせた 数

(5) 8000と 800と 8を あわせた 数

30

ひごとねん土の玉をつかって，はこの形を作ります。

(1) どんな長さのひごが何本いるでしょう。

(2) ねん土の玉は，いくついるでしょう。

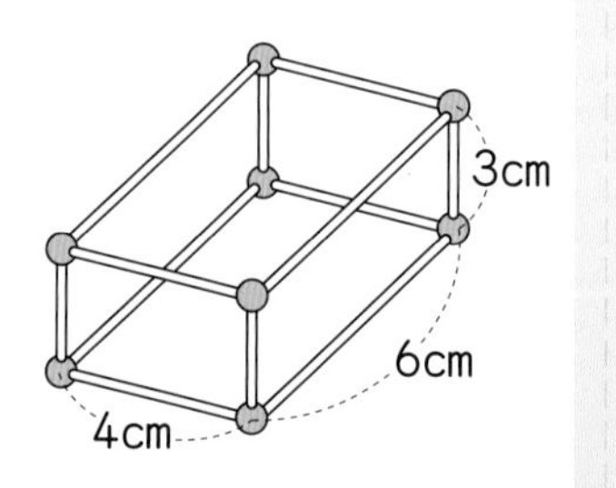

29

しゅんさんが「もう 20円 あったら，ちょうど，100円の ノートが 買える」といいました。何円 もっていたのでしょう。

この本の とく色と つかい方

1. 教科書に ピッタリ あわせて いる。
2. たいせつな ことが わかりやすく書いて ある。
3. ドリルや テストが たくさん のせて ある。
4. もんだいの 考え方や とき方が くわしく 書いて ある。
5. カラーの しゃしんや 図が 多いので，たのしく べんきょう できる。

この本は，全国の小学校・じゅくの先生やお友だちに，“どんな本がいちばんやくに立つか”をきいてつくりました。

この 本の 組み立てと つかい方

学習のねらい

● おうちの方に，子供たちがどんなことを勉強するのかを，理解してもらうためにのせています。

● 教科書に のっている たいせつなことを，わかりやすく まとめて 書いて あります。

本文

● 教科書に あわせて，べんきょうする ことを，わかりやすく 書いて あります。

もとに なる ことがら

▶ ここの もんだいを といたり，せつめいを 読んでみましょう。ここで べんきょうする ことがよくわかり，算数の 力が つきます。

教科書のドリル

▶ べんきょうした ことを たしかめるための もんだいです。たくさん あります。

テストに出るもんだい

▶ 学校の テストに よく 出る もんだいを のせて あります。やる 時間と はい点も 書いて あります。

おもしろ 算数

● 頭の 体そうを する ところです。たのしみながら 算数の もんだいを 考えてください。

もくじ

もくじ

もくじ

1 ひょう・グラフ

学習のねらい

表を用いた
整理の仕方を学習します。

★ せいりの しかた

●ひょう

花だんの 花

花	チューリップ	パンジー	すいせん	カンナ
数	9	4	7	3

●グラフ

花だんの 花

●			
●			
●		●	
●		●	
●		●	
●	●	●	
●	●	●	●
●	●	●	●
●	●	●	●
チューリップ	パンジー	すいせん	カンナ

1 せいりの しかた

もとに なる ことがら ひょうや グラフの つくりかた

どうぶつの えの 数(かず)を しらべましょう。

❶ ひょうの つくりかた

▶どうぶつの えの 数が よく わかるように せいり しましょう。

ひょうを つくって しらべると べんりです。

どうぶつの え

どうぶつ	うさぎ	犬(いぬ)	ねこ	くま
数	2	5		

(答え) ねこ 4，くま 1

❷ グラフの つくりかた

▶上の ひょうの 数を，●を つかって グラフに かきましょう。

グラフに すると，くらべやすく なります。

どうぶつの え

	●		
	●		
	●		
●	●		
●	●		
うさぎ	犬	ねこ	くま

(答え) ねこ ●が 4つ，くま ●が 1つ

教科書のドリル

答(こた)え → べっさつ2ページ

1 いろいろな のりものの カードを あつめました。

(1) どんな カードが 何(なん)まい あるかを しらべ，ひょうに あらわしましょう。

のりものの カード

のりもの	自(じ)どう車(しゃ)	電(でん)車	ひこうき	船(ふね)
数(かず)				

(2) のりものの 数を 右の グラフに あらわしましょう。

のりものの カード

自どう車	電車	ひこうき	船

(3) いちばん 多(おお)いのは どの のりものでしょう。

（　　　　）

テストに出るもんだい

答え → べっさつ2ページ
時間10分

1 いろいろな 虫が たくさん います。

(1) どんな 虫が 何びき いるかを しらべ，ひょうに あらわしましょう。［30点］

いろいろな 虫

虫	ちょう	せみ	かぶとむし	とんぼ	バッタ
数					

(2) 多い じゅんに 右の グラフに あらわしましょう。［30点］

(3) いちばん 多いのは どの 虫でしょう。［20点］

〔　　　　　　〕

(4) いちばん 少ないのは どの 虫でしょう。［20点］

〔　　　　　　〕

いろいろな 虫

				かぶとむし

2 時こくと 時間

学習のねらい

時こくと時間の
ちがいを学習します。

教科書のまとめ

☆ 時こくと 時間

- 時計の 長い はりは，1時間で 1まわり します。

  1時間 ＝ 60分

- 時計の みじかい はりは，12時間で 1まわり します。

  1日 ＝ 24時間

- 午前と 午後

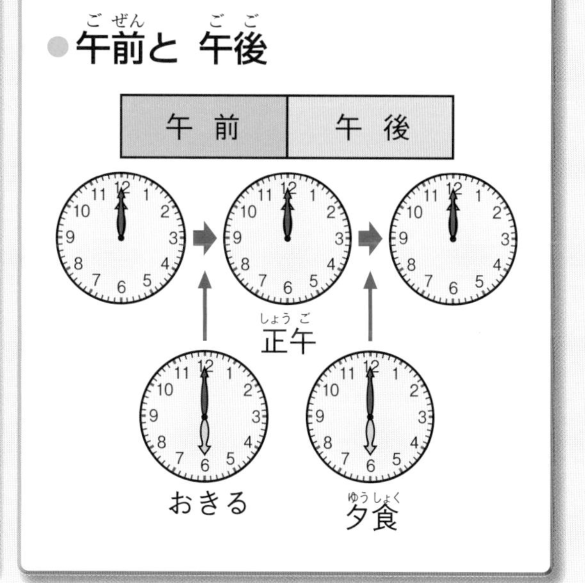

1 時こくと 時間

もとに なる ことがら 時こくと 時間

時(じ)こくと 時間(じかん)を いいましょう。

❶ 時こくの いい方(かた)

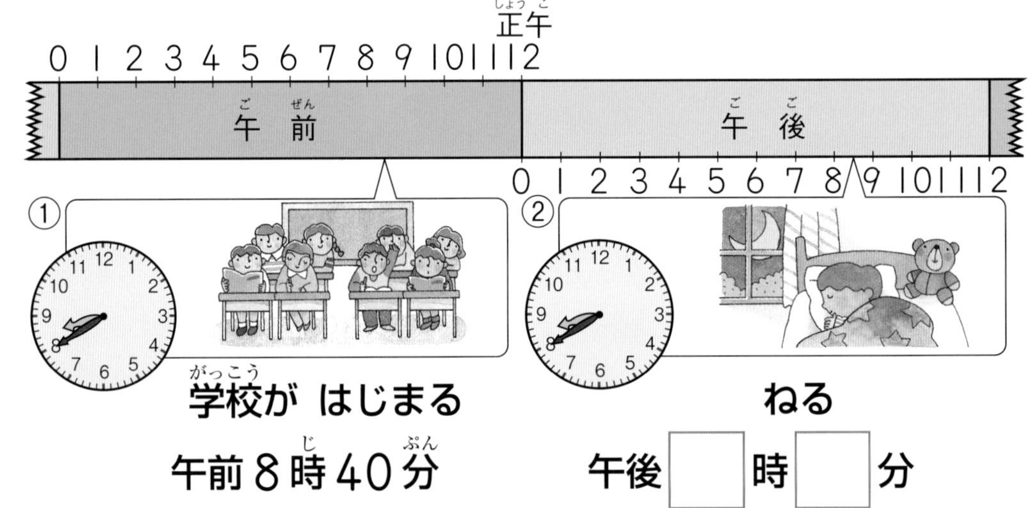

学校(がっこう)が はじまる

午前 8 時(じ) 40 分(ぷん)

ねる

午後 □ 時 □ 分

(答え) 午後 8 時 40 分

❷ 時間の いい方

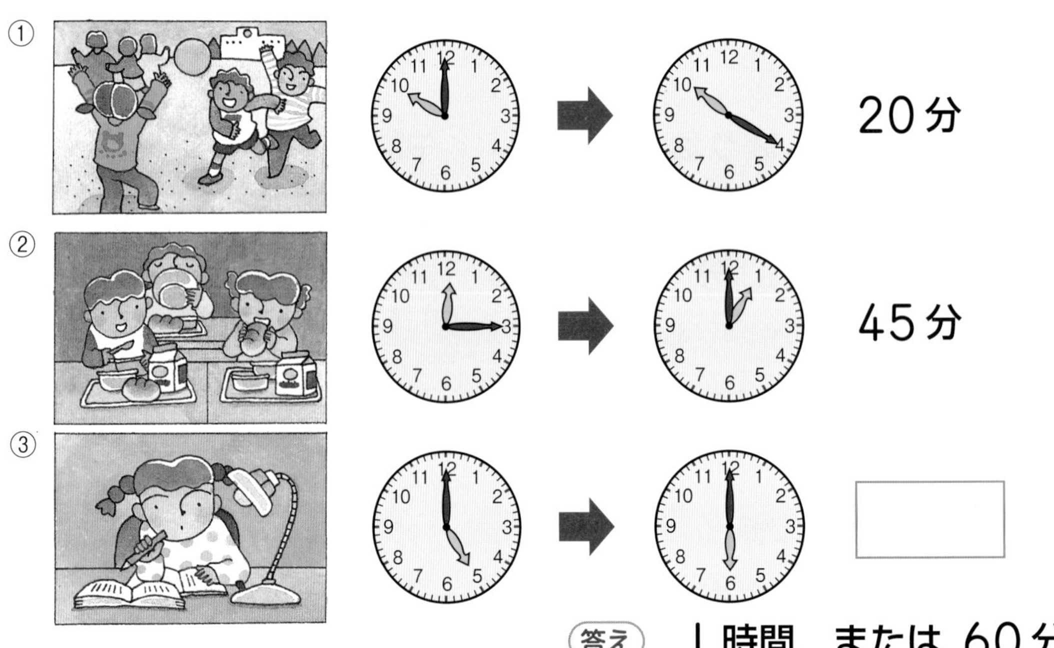

(答え) 1 時間，または 60 分

教科書のドリル

答え → べっさつ3ページ

1 みずきさんの 休みの日の 1日の 生かつです。午前，午後を つかって 時こくを いいましょう。

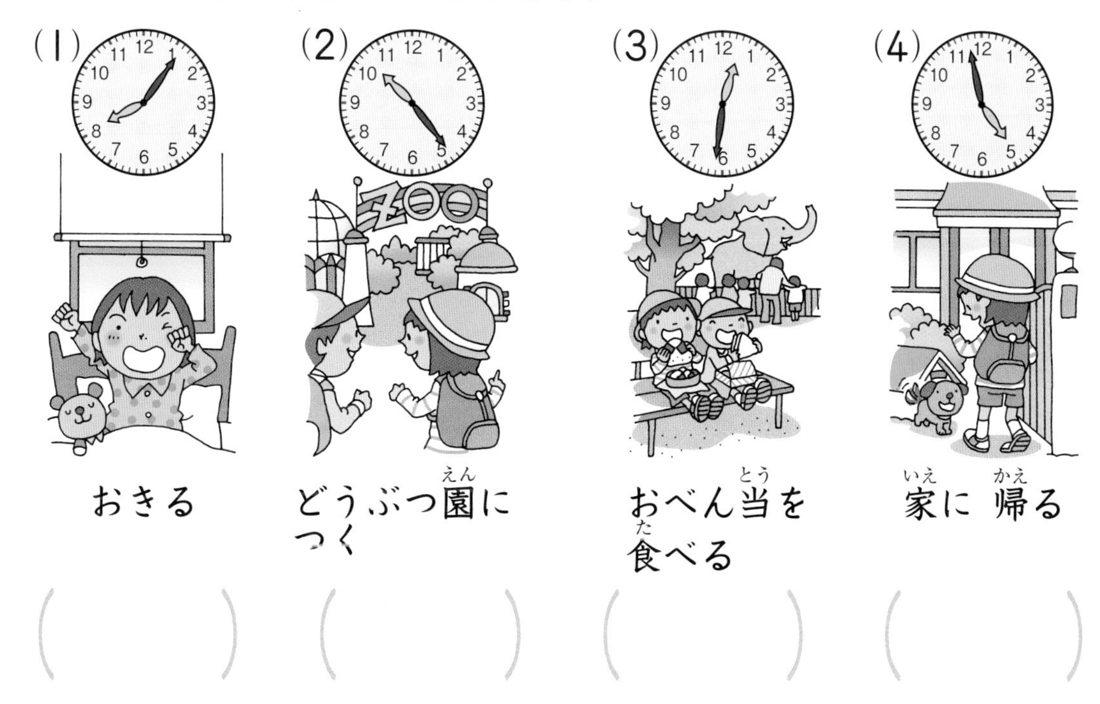

(1) おきる　(2) どうぶつ園に つく　(3) おべん当を 食べる　(4) 家に 帰る

(　　　)　(　　　)　(　　　)　(　　　)

2 つぎの 時間は 何時間何分でしょう。

(1) 学校で べんきょうした 時間

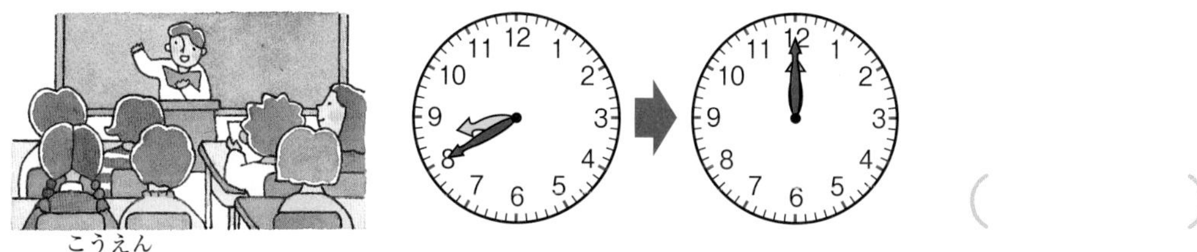

(　　　)

(2) 公園で あそんだ 時間

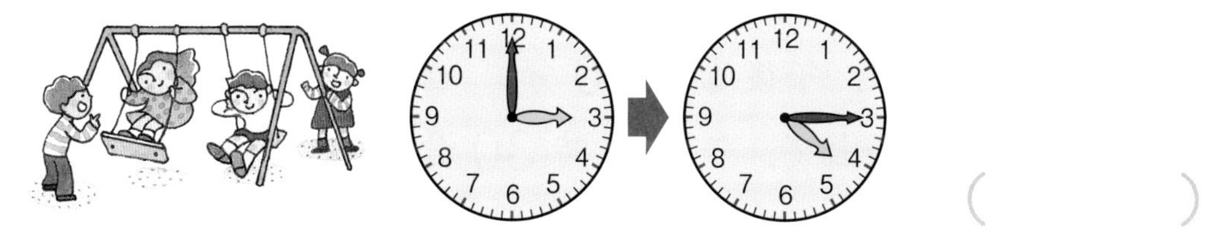

(　　　)

3 今の 時こくは，午前 9 時 25 分です。1 時間後は 午前何時何分でしょう。

(　　　)

テストに出るもんだい

答え → べっさつ3ページ
時間15分

1 つぎの 時こくを いいましょう。［10点ずつ…合計40点］

(1) (2) (3) (4)

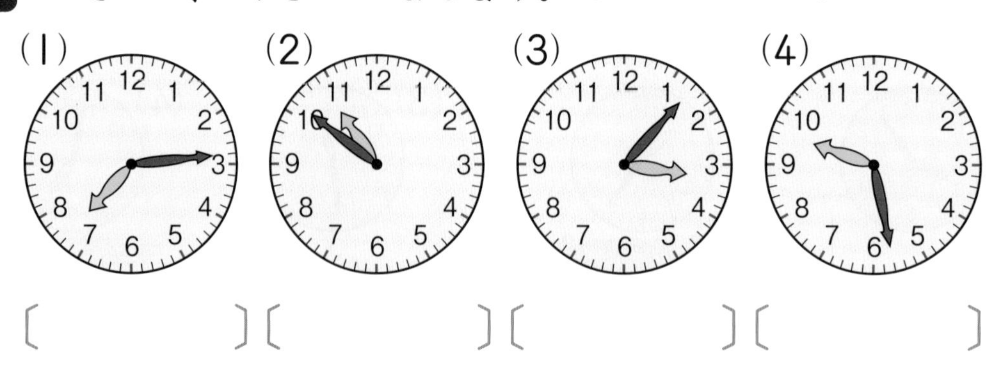

〔　　　〕〔　　　〕〔　　　〕〔　　　〕

2 つぎの 時間は 何時間何分でしょう。［10点ずつ…合計20点］

(1) (2)

〔　　　〕〔　　　〕

3 (1)

45分後は 何時何分でしょう。［10点］

〔　　　〕

(2) 20分前は 何時何分でしょう。［10点］

〔　　　〕

4 のりよさんは，午後4時40分に 自どう車で 家を 出て，午後5時30分に おじさんの 家に つきました。

何分 かかったでしょう。［20点］

〔　　　〕

3 くり上がりの ある たし算

学習のねらい

くり上がりのある
2桁のたし算を筆算でします。

★ くり上がりの ない たし算

◆24＋13の ひっ算

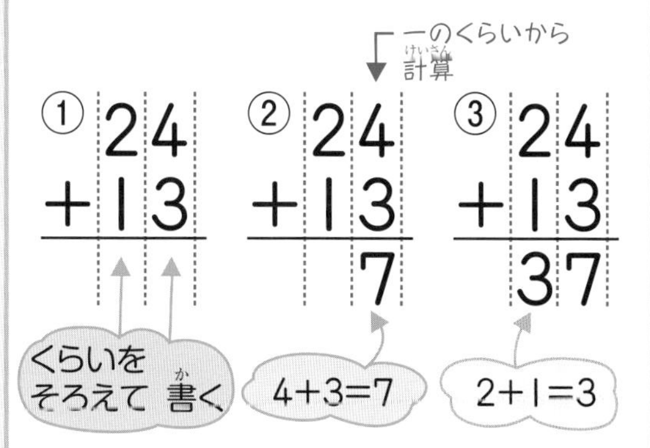

① くらいを そろえて 書く。

② 4＋3の 計算を する。

③ 2＋1の 計算を する。

◆たされる数と たす数を 入れかえても 答えは かわりません。

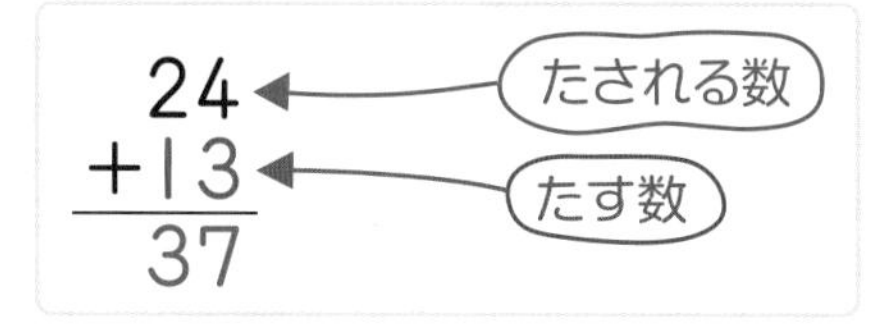

★ くり上がりの ある たし算

◆38＋7の ひっ算

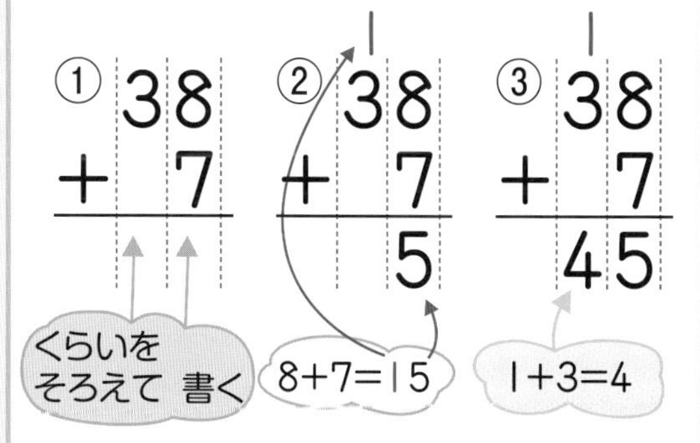

① くらいを そろえて 書く。

② 8＋7 の 計算を する。
十のくらいに 1を くり上げる。

③ 1を くり上げたから，
1＋3の 計算を する。

1 くり上がりの ある たし算

もとに なる ことがら 2けたの たし算

34+12, 28+15の 計算を しましょう。

❶ くり上がりの ない たし算の しかた

● 34+12の ひっ算

$$\begin{array}{r} 34 \\ +12 \\ \hline \end{array}$$

くらいを そろえて 書く。

$$\begin{array}{r} 34 \\ +12 \\ \hline 6 \end{array}$$

一のくらいを たす。

4+2=6

$$\begin{array}{r} 34 \\ +12 \\ \hline 46 \end{array}$$

十のくらいを たす。

3+1=4

十 のくらい	一 のくらい
10 10 10	
+ 10	
10 10 10 10	

34+12=□　　答え　46

❷ くり上がりの ある たし算の しかた

● 28+15の ひっ算

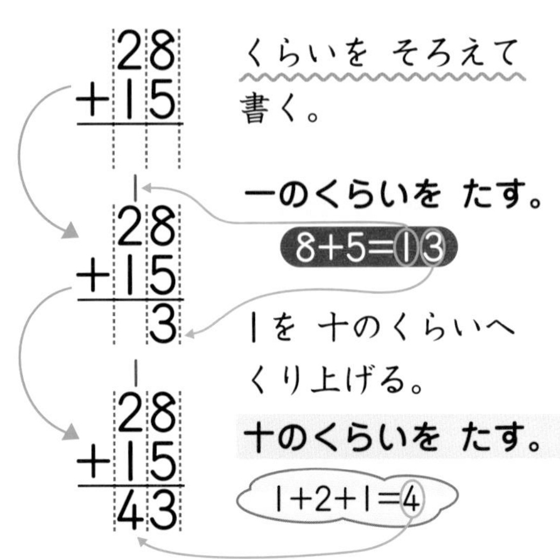

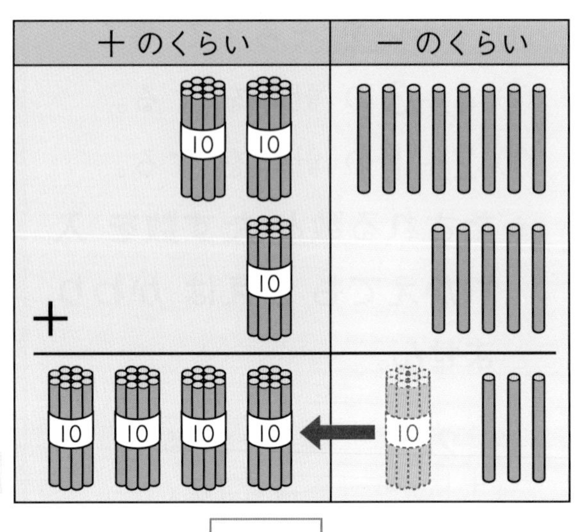

28+15=□　　答え　43

教科書のドリル

答え → べっさつ4ページ

1 たし算を しましょう。

(1) $\begin{array}{r} 21 \\ +\ 17 \\ \hline \end{array}$　(2) $\begin{array}{r} 61 \\ +\ 24 \\ \hline \end{array}$　(3) $\begin{array}{r} 13 \\ +\ 23 \\ \hline \end{array}$　(4) $\begin{array}{r} 50 \\ +\ 30 \\ \hline \end{array}$

(5) $\begin{array}{r} 20 \\ +\ 45 \\ \hline \end{array}$　(6) $\begin{array}{r} 56 \\ +\ 30 \\ \hline \end{array}$　(7) $\begin{array}{r} 83 \\ +\ \ 4 \\ \hline \end{array}$　(8) $\begin{array}{r} 70 \\ +\ \ 7 \\ \hline \end{array}$

2 たし算を しましょう。

(1) $\begin{array}{r} 38 \\ +\ \ 4 \\ \hline \end{array}$　(2) $\begin{array}{r} 45 \\ +\ \ 9 \\ \hline \end{array}$　(3) $\begin{array}{r} 26 \\ +\ \ 7 \\ \hline \end{array}$　(4) $\begin{array}{r} 56 \\ +\ \ 4 \\ \hline \end{array}$

(5) $\begin{array}{r} 36 \\ +\ 28 \\ \hline \end{array}$　(6) $\begin{array}{r} 39 \\ +\ 52 \\ \hline \end{array}$　(7) $\begin{array}{r} 43 \\ +\ 37 \\ \hline \end{array}$　(8) $\begin{array}{r} 21 \\ +\ 49 \\ \hline \end{array}$

3 本を，きのうは 25 ページ，今日は 38 ページ 読みました。あわせて 何ページ 読んだでしょう。

（　　　　　　　　）

テストに出るもんだい①

答え → べっさつ5ページ
時間20分

1 たし算を しましょう。 [5点ずつ…合計40点]

(1) $\begin{array}{r} 23 \\ +\ 55 \\ \hline \end{array}$　(2) $\begin{array}{r} 54 \\ +\ 14 \\ \hline \end{array}$　(3) $\begin{array}{r} 80 \\ +\ 12 \\ \hline \end{array}$　(4) $\begin{array}{r} 46 \\ +\ 30 \\ \hline \end{array}$

(5) $\begin{array}{r} 61 \\ +\ 8 \\ \hline \end{array}$　(6) $\begin{array}{r} 30 \\ +\ 5 \\ \hline \end{array}$　(7) $\begin{array}{r} 2 \\ +\ 40 \\ \hline \end{array}$　(8) $\begin{array}{r} 7 \\ +\ 72 \\ \hline \end{array}$

2 たし算を しましょう。 [5点ずつ…合計40点]

(1) $\begin{array}{r} 69 \\ +\ 3 \\ \hline \end{array}$　(2) $\begin{array}{r} 4 \\ +\ 86 \\ \hline \end{array}$　(3) $\begin{array}{r} 16 \\ +\ 15 \\ \hline \end{array}$　(4) $\begin{array}{r} 14 \\ +\ 38 \\ \hline \end{array}$

(5) $\begin{array}{r} 26 \\ +\ 39 \\ \hline \end{array}$　(6) $\begin{array}{r} 69 \\ +\ 29 \\ \hline \end{array}$　(7) $\begin{array}{r} 33 \\ +\ 47 \\ \hline \end{array}$　(8) $\begin{array}{r} 35 \\ +\ 35 \\ \hline \end{array}$

3 57+39 の 計算を ひっ算 でしましょう。 [20点]

〔　　　　　〕

テストに出るもんだい②

答え → べっさつ5ページ
時間20分

1 48+26 と 26+48 の 計算を して，答えを くらべましょう。

［20点］

〔　　　　　　〕

2 たし算を しましょう。［10点ずつ…合計60点］

(1) 58+6　　(2) 9+42

(3) 33+49　　(4) 19+68

(5) 27+47　　(6) 54+36

3 自どう車が 37台 とまって います。14台 入って きました。

ぜんぶで 何台に なったでしょう。

［10点］

〔　　　　　　〕

4 まどかさんは 赤い おはじきを 36こ，青い おはじきを 29こ もって います。

あわせて 何こでしょう。［10点］

〔　　　　　　〕

おもしろ算数

何に なるかな？（1）

答え → 127 ページ

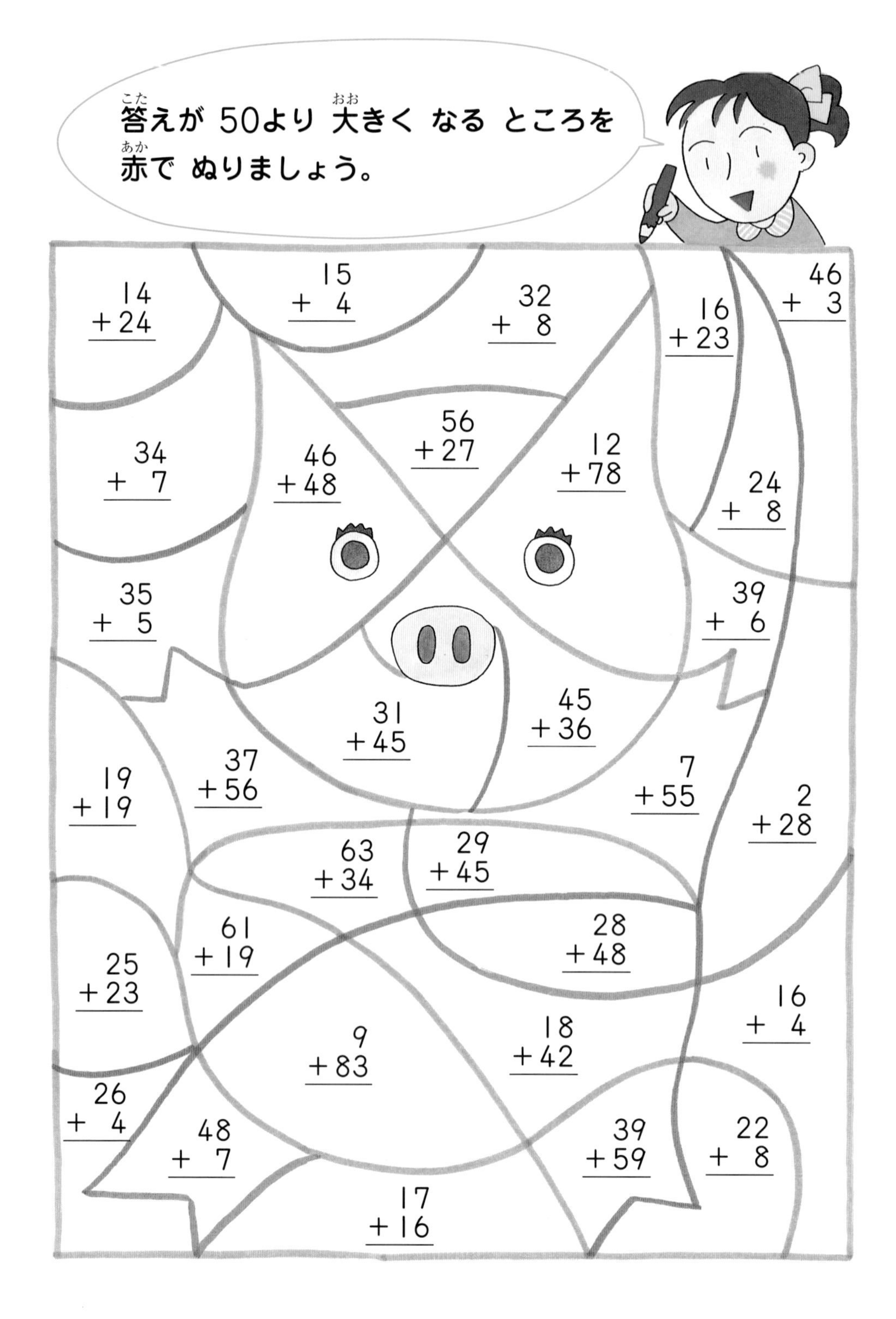

4 くり下がりの ある ひき算

学習のねらい

くり下がりのある
2けたのひき算を筆算でします。

✪くり下がりの ない ひき算

◆35−12の ひっ算

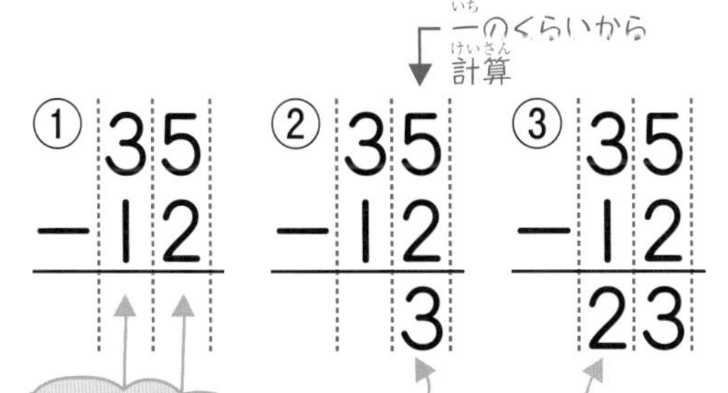

① くらいを そろえて 書く。

② 5−2の 計算を する。

③ 3−1の 計算を する。

◆ひき算の 答えに ひく数を たすと ひかれる数に なる。

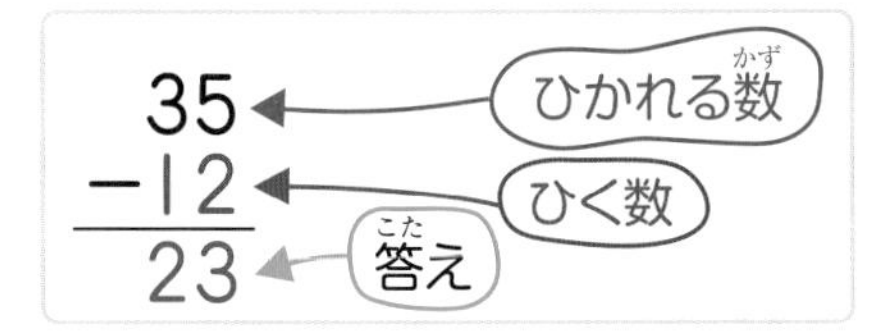

✪くり下がりの ある ひき算

◆32−8の ひっ算

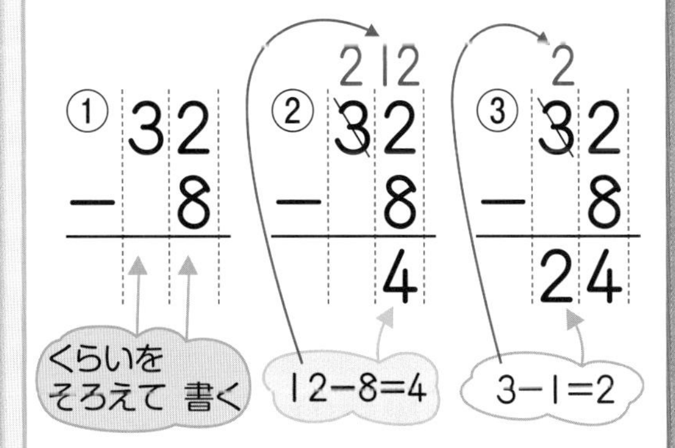

① くらいを そろえて 書く。

② 十のくらいから 1を くり下げて，12−8の 計算を する。

③ 1を くり下げたから，3−1の 計算を する。

1 くり下がりの ある ひき算

もとに なる ことがら 2けたの ひき算

48−23, 53−26の 計算(けいさん)を しましょう。

① くり下(さ)がりの ない ひき算(ざん)の しかた

● 48−23の ひっ算

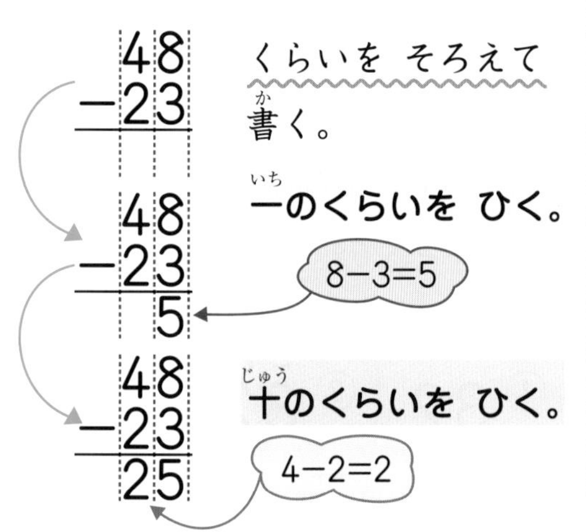

十のくらい / 一のくらい

48−23= □　　答え　25

② くり下がりの ある ひき算の しかた

● 53−26の ひっ算

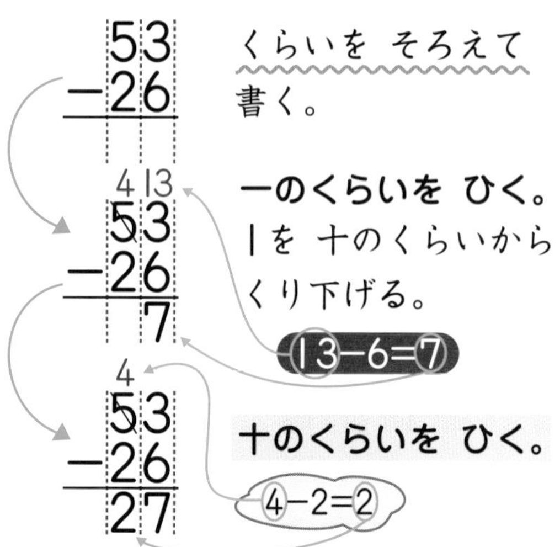

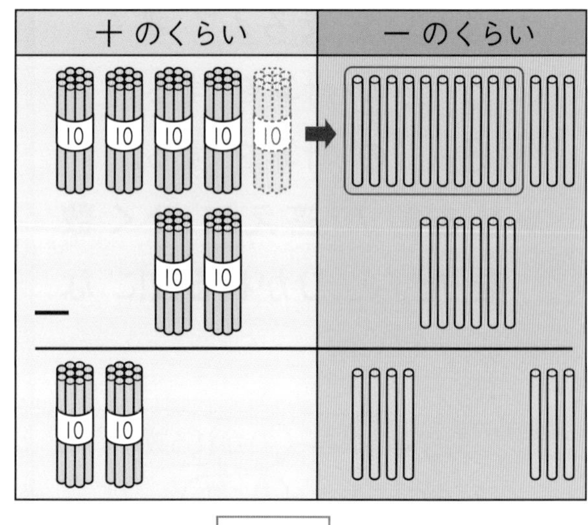

53−26= □　　答え　27

教科書のドリル

答え → べっさつ6ページ

1 ひき算を しましょう。

(1) $\begin{array}{r} 83 \\ -\ 12 \\ \hline \end{array}$　(2) $\begin{array}{r} 96 \\ -\ 51 \\ \hline \end{array}$　(3) $\begin{array}{r} 75 \\ -\ 40 \\ \hline \end{array}$　(4) $\begin{array}{r} 60 \\ -\ 20 \\ \hline \end{array}$

(5) $\begin{array}{r} 64 \\ -\ 34 \\ \hline \end{array}$　(6) $\begin{array}{r} 86 \\ -\ 83 \\ \hline \end{array}$　(7) $\begin{array}{r} 49 \\ -\ 8 \\ \hline \end{array}$　(8) $\begin{array}{r} 77 \\ -\ 7 \\ \hline \end{array}$

2 ひき算を しましょう。

(1) $\begin{array}{r} 43 \\ -\ 9 \\ \hline \end{array}$　(2) $\begin{array}{r} 62 \\ -\ 6 \\ \hline \end{array}$　(3) $\begin{array}{r} 41 \\ -\ 2 \\ \hline \end{array}$　(4) $\begin{array}{r} 30 \\ -\ 8 \\ \hline \end{array}$

(5) $\begin{array}{r} 72 \\ -\ 55 \\ \hline \end{array}$　(6) $\begin{array}{r} 44 \\ -\ 36 \\ \hline \end{array}$　(7) $\begin{array}{r} 80 \\ -\ 24 \\ \hline \end{array}$　(8) $\begin{array}{r} 50 \\ -\ 43 \\ \hline \end{array}$

3 子どもが 35人 あそんで います。
　17人 帰ると，のこりは 何人でしょう。

（　　　　　　）

テストに出るもんだい①

答え → べっさつ7ページ
時間20分

1 ひき算を しましょう。 [5点ずつ…合計40点]

(1) $\begin{array}{r} 74 \\ -\ 12 \\ \hline \end{array}$　(2) $\begin{array}{r} 98 \\ -\ 43 \\ \hline \end{array}$　(3) $\begin{array}{r} 36 \\ -\ 22 \\ \hline \end{array}$　(4) $\begin{array}{r} 56 \\ -\ 33 \\ \hline \end{array}$

(5) $\begin{array}{r} 58 \\ -\ 28 \\ \hline \end{array}$　(6) $\begin{array}{r} 37 \\ -\ 31 \\ \hline \end{array}$　(7) $\begin{array}{r} 55 \\ -\ 50 \\ \hline \end{array}$　(8) $\begin{array}{r} 46 \\ -\ \ 6 \\ \hline \end{array}$

2 ひき算を しましょう。 [5点ずつ…合計40点]

(1) $\begin{array}{r} 31 \\ -\ \ 5 \\ \hline \end{array}$　(2) $\begin{array}{r} 60 \\ -\ \ 8 \\ \hline \end{array}$　(3) $\begin{array}{r} 34 \\ -\ 17 \\ \hline \end{array}$　(4) $\begin{array}{r} 72 \\ -\ 34 \\ \hline \end{array}$

(5) $\begin{array}{r} 48 \\ -\ 29 \\ \hline \end{array}$　(6) $\begin{array}{r} 87 \\ -\ 78 \\ \hline \end{array}$　(7) $\begin{array}{r} 90 \\ -\ 55 \\ \hline \end{array}$　(8) $\begin{array}{r} 50 \\ -\ 43 \\ \hline \end{array}$

3 61−28の 計算を ひっ算で しましょう。 [20点]

〔　　　　　　〕

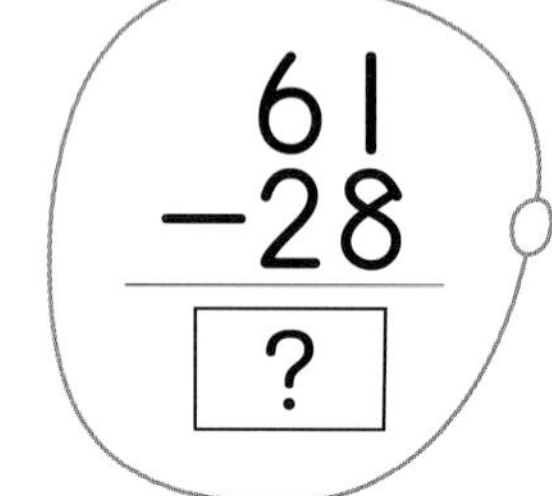

テストに出るもんだい②

答え → べっさつ7ページ
時間20分

1 答えが いちばん 大きい ものを，○で かこみましょう。
答えが いちばん 小さい ものを，△で かこみましょう。

［10点ずつ…合計20点］

$$\begin{array}{r} 28 \\ -\ \ 6 \\ \hline \end{array} \qquad \begin{array}{r} 82 \\ -65 \\ \hline \end{array} \qquad \begin{array}{r} 50 \\ -33 \\ \hline \end{array} \qquad \begin{array}{r} 92 \\ -86 \\ \hline \end{array}$$

2 ひき算を しましょう。 ［10点ずつ…合計60点］

(1) 65−28　　(2) 61−37

(3) 80−59　　(4) 74−65

(5) 30−22　　(6) 40−4

3 色紙が 72 まい あります。
49 まい つかうと，のこりは 何まいでしょう。 ［10点］

［　　　　　］

4 ゆいかさんは，貝がらを 43 こ，さくらさんは 27 こ ひろいました。
ゆいかさんは さくらさんより，何こ 多く ひろったでしょう。 ［10点］

［　　　　　］

おもしろ算数

何に なるかな？（2）

答え → 127ページ

答えが 50より 小さく なる ところを 赤で ぬりましょう。

$91 - 18$

$70 - 3$

$79 - 28$

$83 - 25$

$91 - 38$

$55 - 9$

$86 - 4$

$70 - 26$

$97 - 58$

$64 - 29$

$99 - 50$

$72 - 39$

$51 - 9$

$63 - 21$

$66 - 29$

$53 - 8$

$75 - 49$

$55 - 6$

$95 - 74$

$87 - 36$

$80 - 27$

$86 - 35$

$51 - 38$

$90 - 33$

$93 - 36$

$77 - 9$

$87 - 23$

$75 - 7$

$66 - 7$

5 長さ(1)…cmとmm

学習のねらい

cmやmmを使って，長さのはかり方や長さの計算をします。

★ 長さの たんい

◆ センチメートル

1cm

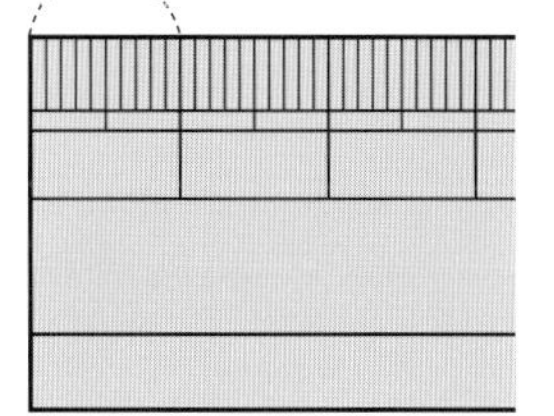

◆ ミリメートル

1mm

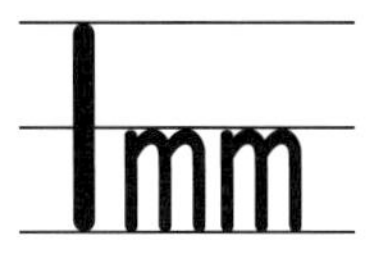

◆ 1mmは，1cmを 同じ 長さに 10こに 分けた ものです。

1cm＝10mm

◆ cmや mmは 長さの たんいです。

★ 長さの 計算

◆ あわせた 長さ

2cm　4cm

2cm＋4cm＝6cm　　6cm

◆ のこりの 長さ

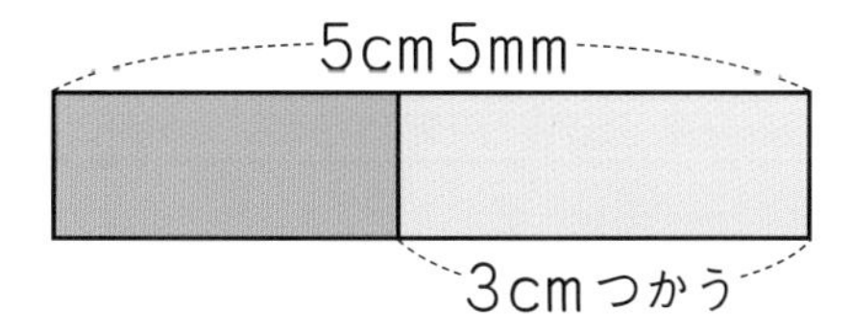

5cm5mm－3cm＝2cm5mm

2cm5mm

★ 直 線

◆ まっすぐな 線を 直線と いいます。

直線

1 長　さ

もとに なる ことがら　cm と mm

長さの あらわし方と 計算を 考えましょう。

❶ 長さの あらわし方と たんい

長さは ものさしで はかります。

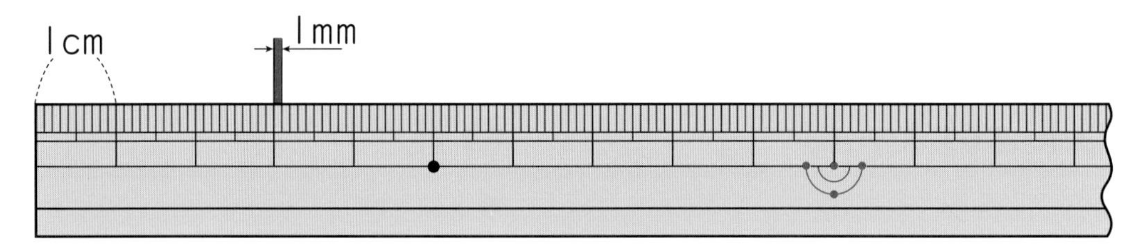

長さは，1cm や 1mm が いくつ分 あるかで あらわします。

cm や mm は 長さの たんいです。

●テープの 長さは どれだけでしょう。

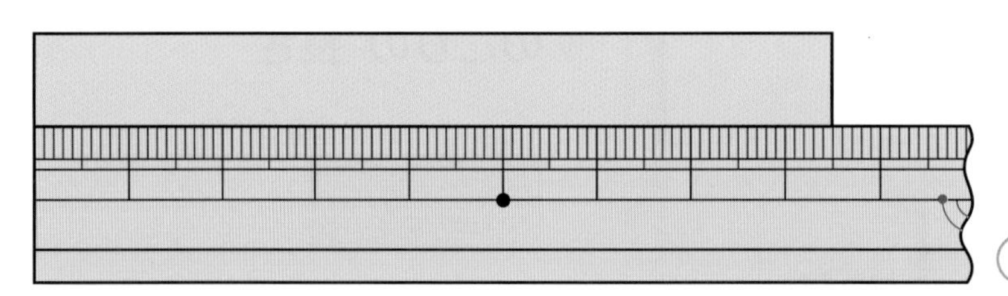

（答え）　8cm5mm

❷ 長さの 計算

●2つの テープを あわせた 長さは どれだけでしょう。

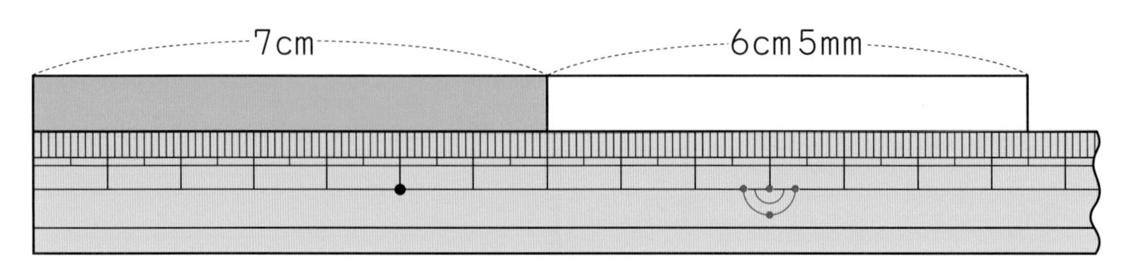

7cm＋6cm5mm＝13cm5mm　　（答え）　13cm5mm

教科書のドリル

答え → べっさつ8ページ

1 左の はしから ㋐，㋑，㋒，㋓ までの 長さは，それぞれ どれだけでしょう。

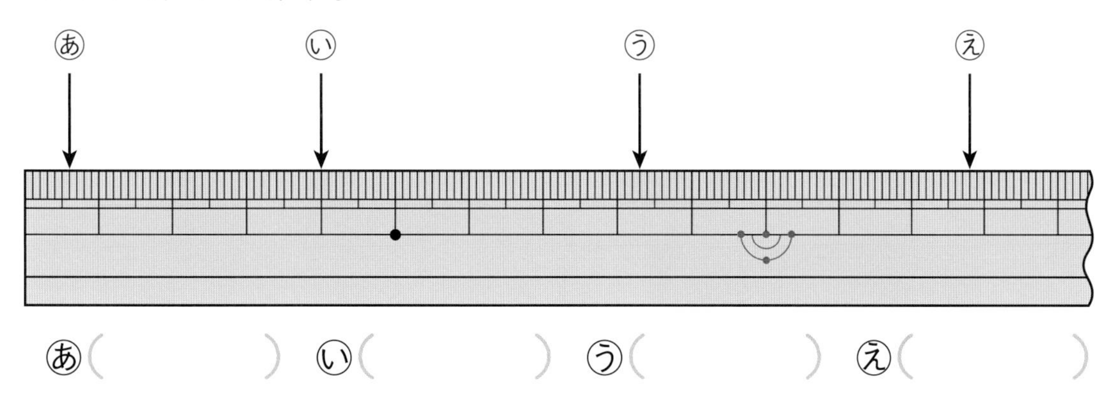

㋐（　　　）　㋑（　　　）　㋒（　　　）　㋓（　　　）

2 長さの 計算を しましょう。

(1) 7cm＋3cm　　(2) 2cm5mm＋4cm

(3) 9cm−5cm　　(4) 13cm8mm−5cm

3 長さの ちがいは どれだけでしょう。

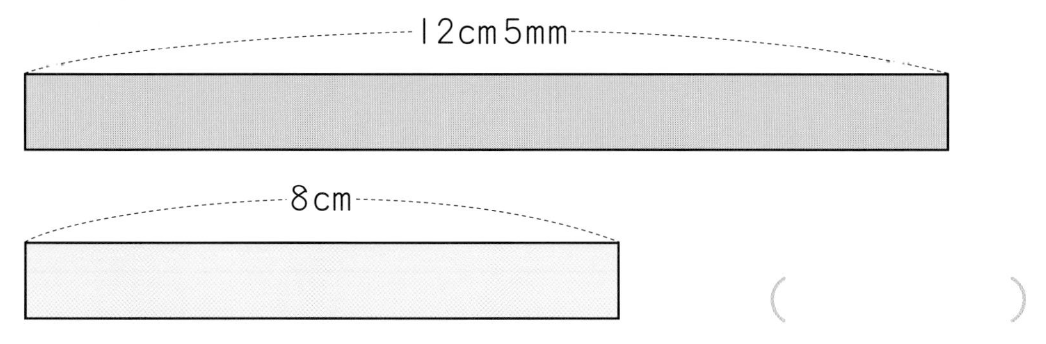

（　　　）

4 下の 直線の 長さを はかりましょう。

(1)

（　　　）

(2)

（　　　）

テストに出るもんだい①

答え → べっさつ8ページ
時間10分
とく点　点

1 テープの 長さを はかりましょう。 ［15点ずつ…合計45点］

(1) 〔　　　〕

(2) 〔　　　〕

(3) 〔　　　〕

2 テープの 長さは どれだけでしょう。 ［15点ずつ…合計30点］

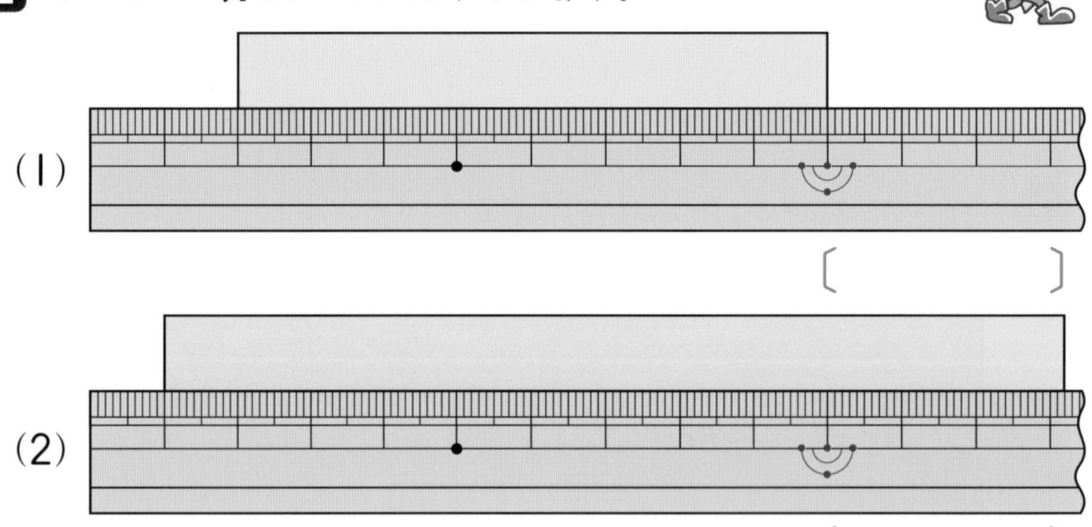

(1) 〔　　　〕

(2) 〔　　　〕

3 長さが 65cmの リボンと 52cmの リボンが あります。
長さの ちがいは 何cmでしょう。

〔　　　〕 ［25点］

テストに出るもんだい②

答え → べっさつ9ページ
時間10分

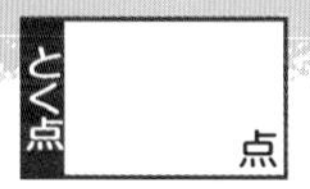

1 長い じゅんに 番ごうを 書きましょう。 [20点]

38mm　　4cm　　3cm7mm　　41mm

〔　　　〕〔　　　〕〔　　　〕〔　　　〕

2 長さの 計算を しましょう。 [10点ずつ…合計40点]

(1) 8cm4mm＋3cm　　(2) 7cm＋9cm8mm

(3) 5cm3mm－3cm　　(4) 6cm9mm－5cm

3 はがきの たては 14cm8mm で，よこは 10cm です。

たては，よこより どれだけ 長いでしょう。

[20点]

〔　　　〕

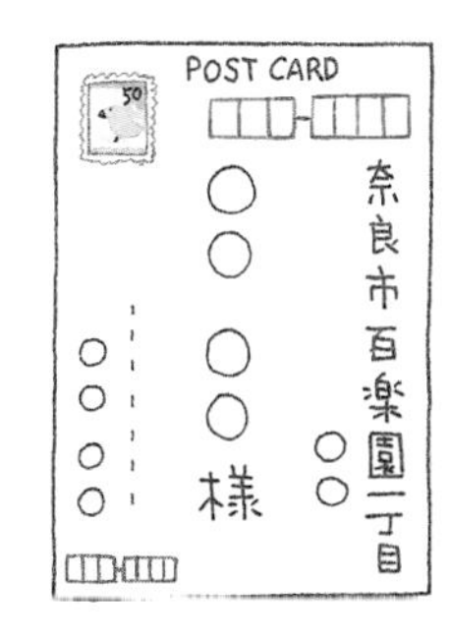

4 30cmの ものさしで，テープの 長さを はかったら，3つ分と あと 5cm ありました。

[10点ずつ…合計20点]

(1) この テープの 長さは どれだけでしょう。

〔　　　〕

(2) この テープを 15cm つかうと，のこりは どれだけでしょう。

〔　　　〕

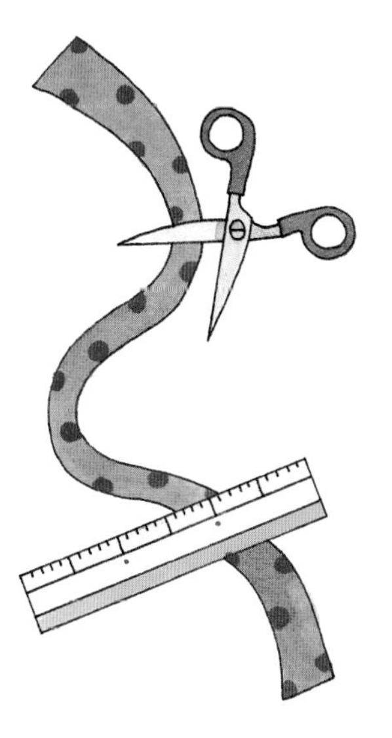

長さしらべ

答え → 127 ページ

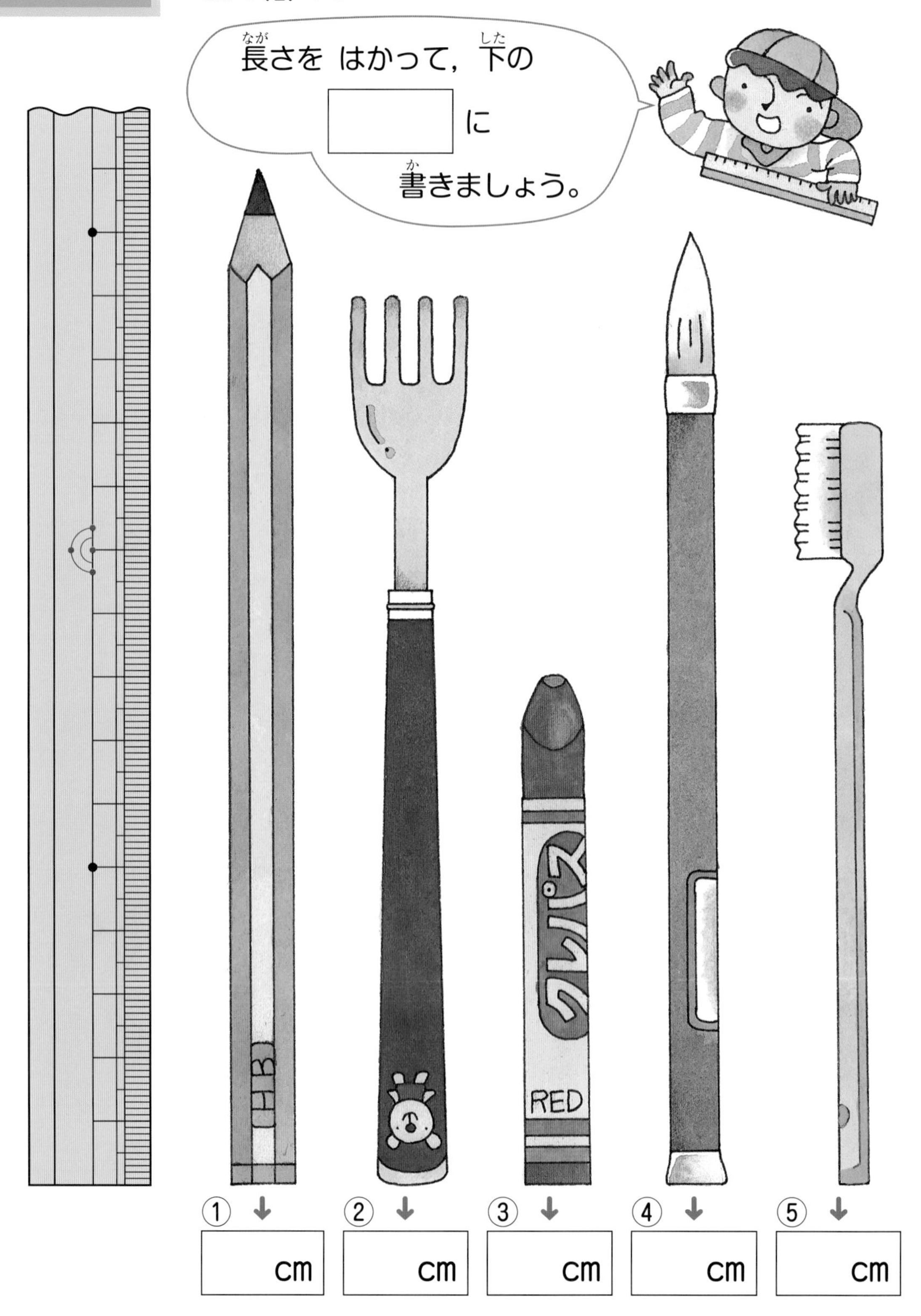

6 1000までの 数

学習のねらい

100をこえる数の
しくみや表し方を学びます。

教科書のまとめ

☆ 数(かず)の あらわし方(かた)

二百	四十	三
2	4	3
↓	↓	↓
百のくらい	十のくらい	一のくらい

243は
100を 2つ
10を 4つ
1を 3つ
あわせた 数です。

● 100を 10こ あつめた数を 千(せん)と いい，1000と 書(か)きます。

0 100 200 300 400 500 600 700 800 900 1000

☆ 大(おお)きさの あらわし方

● $364 > 325$ 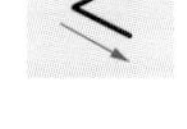

364は 325より 大きい

● $287 < 294$

287は 294より 小さい

☆ 何十(なんじゅう)，何百(なんびゃく)の 計算(けいさん)

● $50 + 80 = 130$

10の たばが 5	10の たばが 8	10の たばが 13

● $400 - 200 = 200$

100の たばが 4	100の たばが 2	100の たばが 2

1 数の あらわし方

もとに なる ことがら 100から 1000までの 数

いろいろな 数の あらわし方を 考えましょう。

❶ 100より 大きい 数の あらわし方

● 下の 図で，ぼうは 何本 あるでしょう。

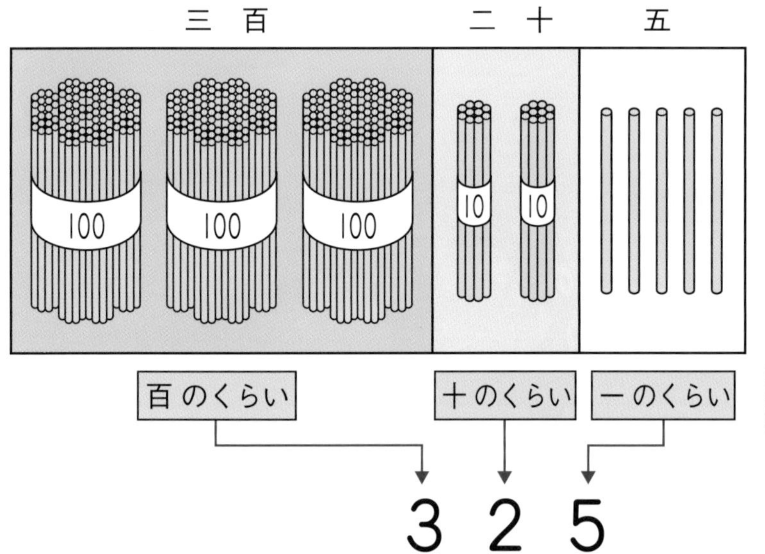

325は
100を 3つ
10を 2つ
1を 5つ
あわせた 数です。

❷ 1000の あらわしかた

● 下の 図で，ぼうは 何本 あるでしょう。

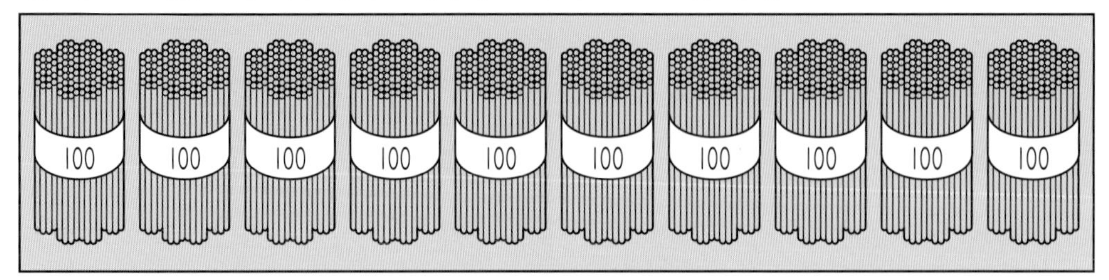

100を 10こ あつめた 数は [　　　] です。

0　100　200　300　400　500　600　700　800　900　1000

（答え） 1000

教科書のドリル

答え → べっさつ9ページ

1 数字で 書きましょう。

(1) 百十五 (　　　)　(2) 三百六十七 (　　　)　(3) 二百六 (　　　)

(4) 五百二 (　　　)　(5) 六百四十 (　　　)　(6) 九百 (　　　)

2 はがきは 何まい あるでしょう。数字で 書きましょう。

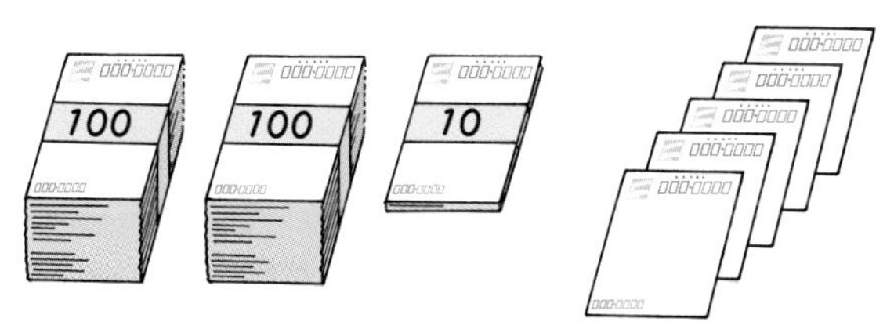

(　　　)

3 つぎの 数を 書きましょう。

(1) 100 を 7つ，10 を 4つ，1 を 2つ あわせた 数

(　　　)

(2) 100 を 4つ，1 を 9つ あわせた 数

(　　　)

4 □ に あてはまる 数を 書きましょう。

(1) 397　398　399　あ□　い□　402　403　う□　え□

(2) 560　570　あ□　590　い□　610　620　う□　640

2 <, >, ＝の しきと 計算

もとに なる ことがら　大小の あらわし方と 計算

大小の あらわし方と 計算を 考えましょう。

❶ 大きさの あらわし方

●大小を くらべましょう。

百のくらいを みれば いいよ。

①

4	5	7
3	8	2

$457 > 382$

457は 382より 大きい

②

4	5	7
4	6	0

$457 < 460$

457は 460より 小さい

❷ 何十，何百の 計算

① 60＋80は いくつでしょう。

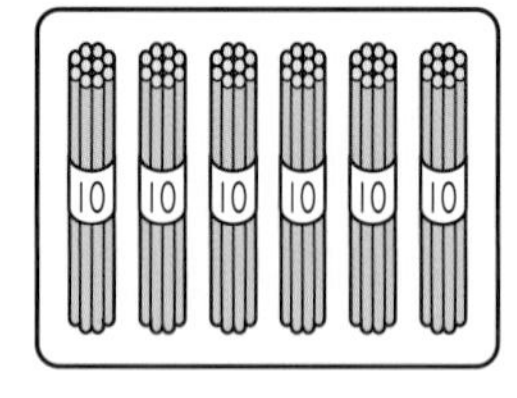

＋

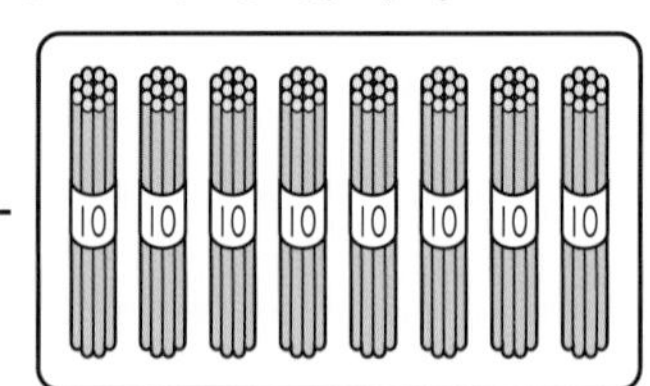

60＋80＝□

答え　140

② 300−200は いくつでしょう。

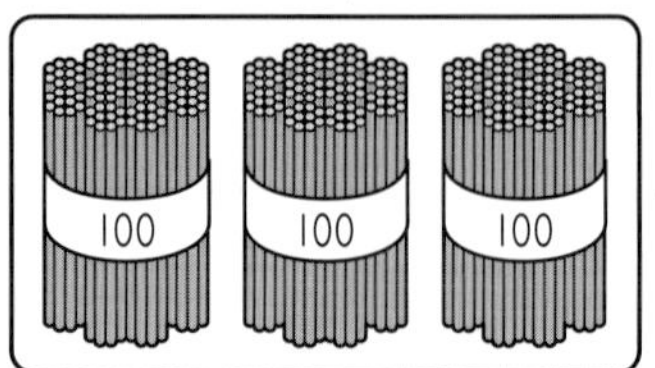

−

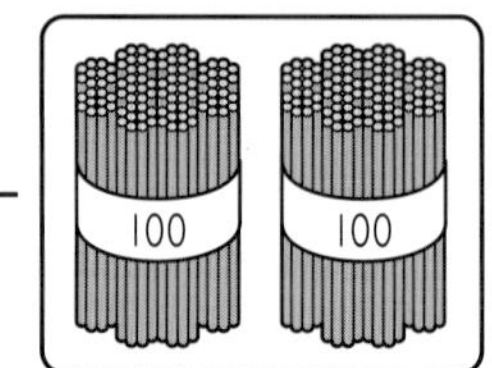

300−200＝□

答え　100

教科書のドリル

答え → べっさつ10ページ

1 左と 右を くらべて，□に ＜か＞の しるしを 書きましょう。

(1) 469 □ 467　　(2) 796 □ 804

(3) 97 □ 103　　(4) 380 □ 308

2 色紙は ぜんぶで 何まい あるでしょう。

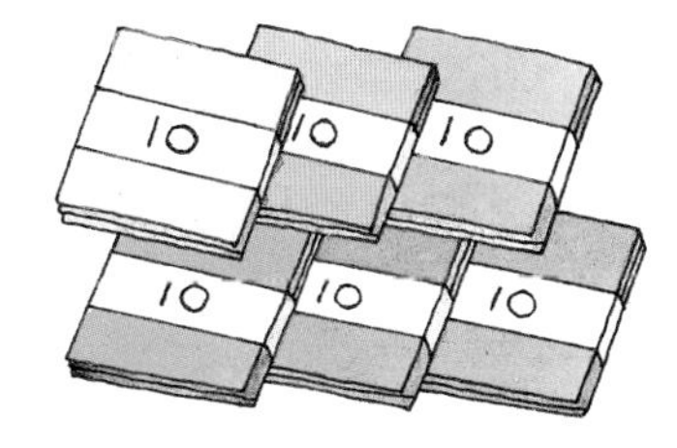

(　　　　)

3 たし算を しましょう。

(1) 80+30　　(2) 80+90

(3) 400+200　　(4) 500+500

(5) 300+50　　(6) 500+6

4 ひき算を しましょう。

(1) 130−90　　(2) 160−80

(3) 900−400　　(4) 1000−700

(5) 260−60　　(6) 608−8

テストに出るもんだい①

答え → べっさつ10ページ
時間20分

1 数字で 書きましょう。 [10点ずつ…合計30点]

(1) 七百五十六　〔　　〕
(2) 四百八十　〔　　〕
(3) 百二　〔　　〕

2 ふうとうは 何まい あるでしょう。数字で 書きましょう。 [10点]

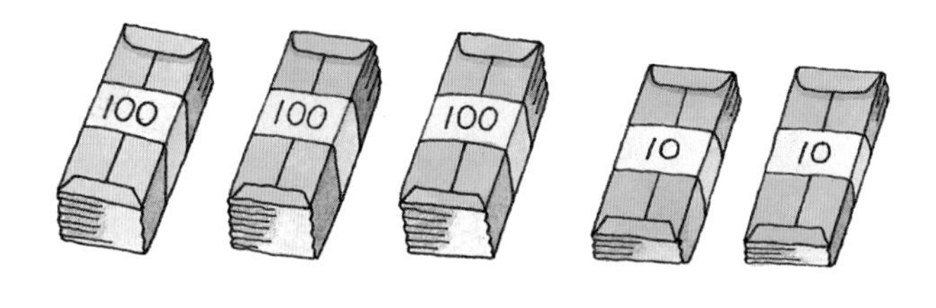

〔　　〕

3 つぎの 数を 書きましょう。 [10点ずつ…合計40点]

(1) 599より 1 大きい 数　〔　　〕
(2) 800より 1 小さい 数　〔　　〕
(3) 999より 1 大きい 数　〔　　〕
(4) 10を 25こ あつめた 数　〔　　〕

4 あ, い, う, えに あたる 数を 書きましょう。 [5点ずつ…合計20点]

0　100　200　300　400　500　600　700

あ　い　う　え

あ〔　　〕 い〔　　〕 う〔　　〕 え〔　　〕

テストに出るもんだい②

答え → べっさつ11ページ
時間20分

1 たし算を しましょう。 [5点ずつ…合計30点]

(1) 30+90　　(2) 70+40

(3) 100+800　　(4) 700+300

(5) 200+80　　(6) 500+60

2 ひき算を しましょう。 [5点ずつ…合計30点]

(1) 150−80　　(2) 170−90

(3) 900−700　　(4) 1000−400

(5) 770−70　　(6) 909−9

3 左と 右を くらべて，□に ＜，＞，＝の しるしを 書きましょう。 [5点ずつ…合計20点]

(1) 20+5 □ 30　　(2) 35 □ 40−5

(3) 150 □ 60+80　　(4) 600 □ 650−50

4 まゆみさんは 700円 もって います。400円の 本を 買うと，何円 のこるでしょう。 [20点]

〔　　　　〕

いくつ あるかな？

答え → 127ページ

どんぐりは 何こ あるでしょう。
数字で 書きましょう。

①

②

③

④

⑤

7 水の かさ

学習のねらい

水のかさを表す単位として，L，dL，mL を学びます。

かさの たんい

● デシリットル

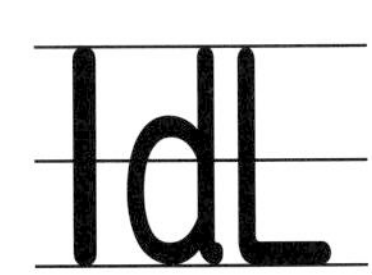

1dLます

● リットル

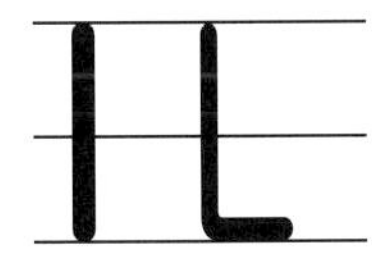

1Lます

● 1dLます 10ぱい分(ぶん)が 1Lです。

1L＝10dL

● ミリリットル

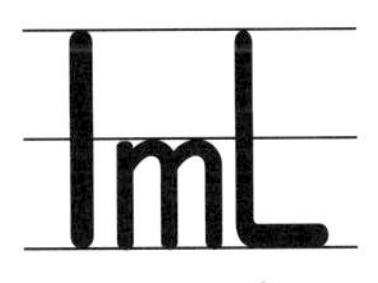

1dL＝100mL

1L＝1000mL

かさの 計算(けいさん)

● あわせた かさ

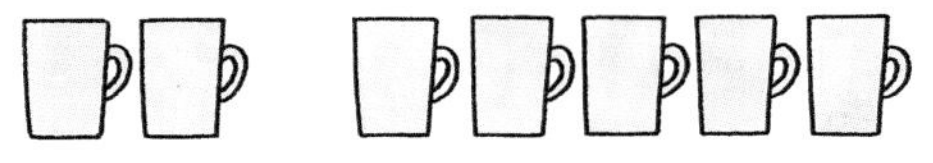

2dL＋5dL＝7dL　　7dL

● のこりの かさ

8dL－3dL＝5dL　　5dL

1 水の かさ

もとに なる ことがら かさの たんい と 計算

かさの はかり方(かた)と 計算(けいさん)を 考(かんが)えましょう。

❶ かさの はかり方と たんい

水などの かさは 1dLますや 1Lますで はかります。
かさは，1dLや 1Lが いくつ分(ぶん) あるかで あらわします。
より小(ちい)さい たんいに mLが あります。

1L＝10dL　1L＝1000mL　1dL＝100mL

● それぞれの かさは どれだけでしょう。

①

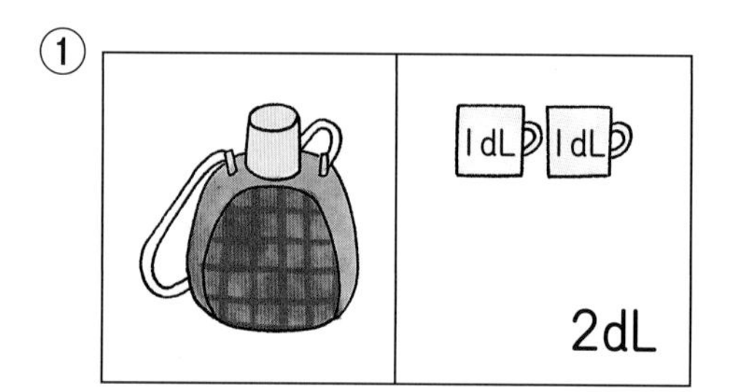

②

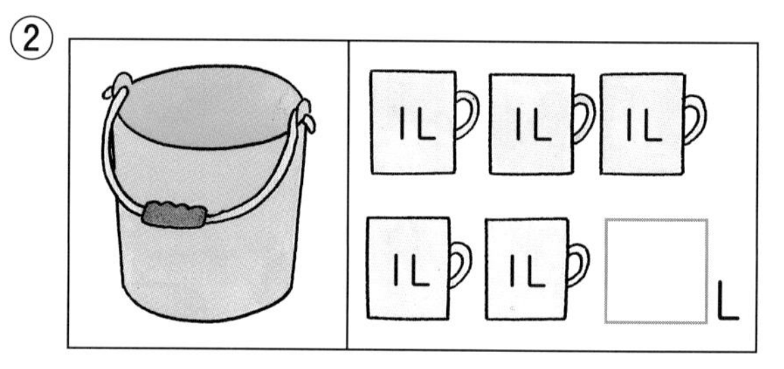

（答え） 5

❷ かさの 計算

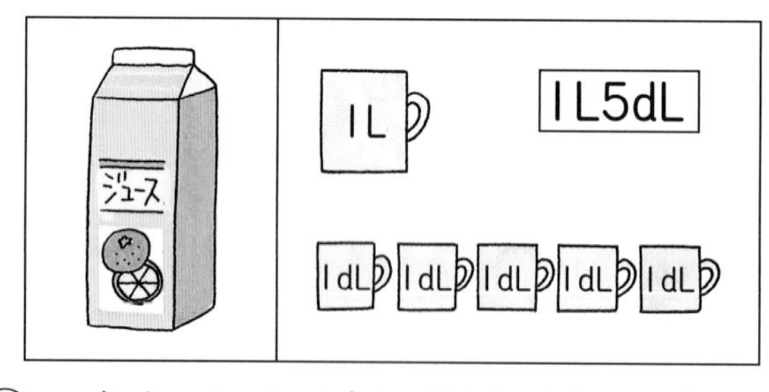

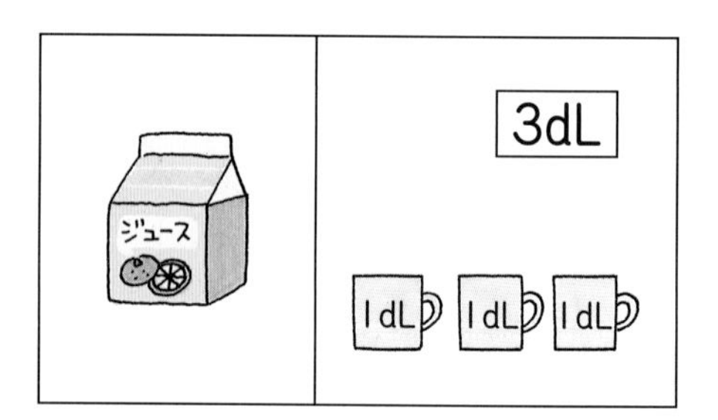

① あわせて どれだけでしょう。

1L5dL＋3dL＝1L8dL　　1L8dL

② ちがいは どれだけでしょう。

1L5dL－3dL＝1L2dL

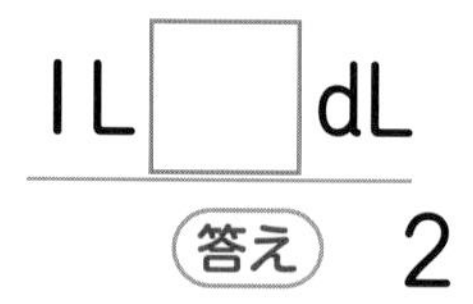

（答え） 2

教科書のドリル

答え → べっさつ11ページ

1 入っている 水の かさは，それぞれ 何L何dLでしょう。

(1)

(　　　　)

(2)

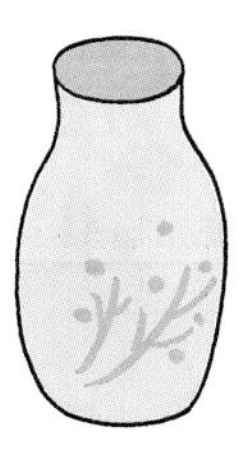

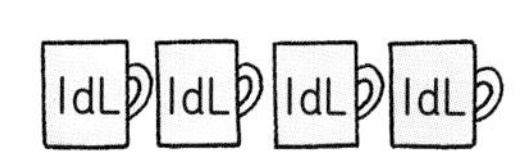

(　　　　)

2 □に あてはまる 数を 書きましょう。

(1) 3L= □ dL

(2) 1L3dL= □ dL

(3) 403mL= □ dL □ mL

3 かさの 計算を しましょう。

(1) 5dL+5dL

(2) 8mL+7mL

(3) 1L−2dL

(4) 1L9dL−3dL

4 あぶらが かんの 中に 2L4dL，びんの 中に 6dLあります。

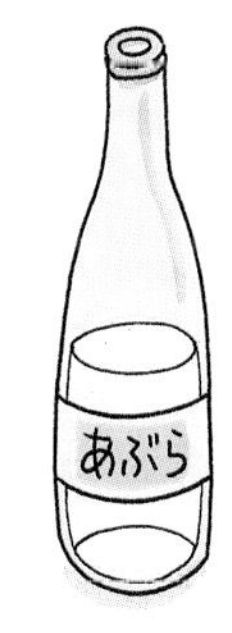

(1) ぜんぶで 何dLに なるでしょう。

(　　　　)

(2) また，それは 何Lでしょう。

(　　　　)

テストに出るもんだい①

答え → べっさつ12ページ
時間10分

とく点　　点

1 □に あてはまる 数を 書きましょう。 [5点ずつ…合計40点]

(1) 58dL=□L□dL　　(2) 20dL=□L

(3) 2L6dL=□dL　　(4) 7L=□dL

(5) 300mL=□dL　　(6) 5dL=□mL

(7) 1L=□mL　　(8) 250mL=□dL□mL

2 左と 右を くらべて，□に ＜，＞，＝の しるしを 書きましょう。 [10点ずつ…合計40点]

(1) 4L □ 38dL　　(2) 2L □ 2dL

(3) 5L □ 50dL　　(4) 800mL □ 9dL

3 水を 8L 入れた 水そうに，後から また 5L 入れました。

水は ぜんぶで どれだけに なったでしょう。 [10点]

〔　　　　　〕

4 びんに ジュースが 3L 入っていました。今日 5dL のみました。

のこりは どれだけに なったでしょう。 [10点]

〔　　　　　〕

テストに出るもんだい②

答え → べっさつ13ページ
時間10分

1 かさの 多い じゅんに 番ごうを 書きましょう。［20点］

Ｉ dL　　500mL　　ＩL　　50mL

〔　　〕〔　　〕〔　　〕〔　　〕

2 かさの 計算を しましょう。［10点ずつ…合計40点］

（Ｉ） 3L7dL＋4dL　　（2） 5L−8dL

（3） 2dL60mL＋40mL　　（4） 2L6dL−9dL

3 お茶が ちさとさんの 水とうには 2dL, 弟の ゆうたさんの 水とうには Ｉ80mL 入って います。

どちらが どれだけ 多いでしょう。［20点］

〔　　〕

4 水が 2L5dL 入っている やかんと, ＩL8dL 入っている びんが あります。［10点ずつ…合計20点］

（Ｉ） あわせて 何L何dLでしょう。

〔　　〕

（2） やかんのほうが どれだけ 多く 入って いるでしょう。

〔　　〕

かさくらべ

答え → 127ページ

それぞれの 入れものには 水が
何dL 入るでしょう。

				1dL		
				1dL		
				1dL		1dL
				1dL		1dL
1dL				1dL		1dL
1dL		1dL		1dL		1dL
1dL		1dL		1dL	1dL	1dL
1dL	1dL	1dL		1dL	1dL	1dL
1dL	1dL	1dL	1dL	1dL	1dL	1dL
1dL	1dL	1dL	1dL	1dL	1dL	1dL

dL	dL	dL	dL	dL	dL	dL

8 しきと 計算

学習のねらい

計算の順序や，
（　）の使い方の勉強をします。

☆ 15+6+4の たし算

◆じゅんに たす

$15+6+4=25$

（15+6 → 21，21+4）

◆まとめて たす

$15+(6+4)=25$

（6+4 → 10）

● たし算では，たす じゅんじょを かえても 答えは 同じです。

● （　）の 中は 先に 計算します。

☆ 31−7−3の ひき算

◆じゅんに ひく

$31-7-3=21$

（31−7 → 24，24−3）

◆まとめて ひく

$31-(7+3)=21$

（7+3 → 10）

● ひき算では，じゅんに ひいても，まとめて ひいても 答えは 同じです。

1 計算の じゅんじょ

もとに なる ことがら たし算・ひき算の せいしつ

3つの 数の 計算の じゅんじょを 考えましょう。

❶ 15+8+2の 計算

じゅんに たすのか,
まとめて たすのかは,
しきを 見て きめます。

● **じゅんに たす**

15+8+2

└じゅんに 計算

15+8=23
23+2=25

● **まとめて たす**

15+8+2

└先に 計算

8+2=10
15+10=25

15+8+2=25

たし算では, たす じゅんじょを かえても 答えは 同じです。

❷ 36−2−8の 計算

じゅんに ひくのか,
まとめて ひくのかは,
しきを 見て きめます。

● **じゅんに ひく**

36−2−8

└じゅんに 計算

36−2=34
34−8=26

● **まとめて ひく**

36−2−8

└先に 計算

2+8=10
36−10=26

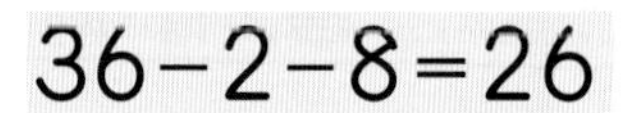

じゅんに ひいても, まとめて ひいても 答えは 同じです。

教科書のドリル

答え → べっさつ13ページ

1 計算を しましょう。

(1) 23+6+4　　(2) 18+9+1

(3) 22−7−3　　(4) 41−9−7

(5) 16+8−9　　(6) 27−8+5

2 ちゅう車場に 車が 12台 ありました。そこへ，4台 入って きました。また，6台 入って きました。

車は 何台 になりましたか。

（　　　　　　　）

3 あおいさんは 色紙を 38まい もって いました。

きのう，5まい つかいました。

今日，5まい つかいました。

色紙は 何まい のこって いるでしょう。

（　　　　　　　）

4 池に こいが 13びき およいで いました。

そこへ，3びき やって きました。

そのあと，7ひき いなく なりました。

こいは 何びきに なったでしょう。

（　　　　　　　）

2 (　)を つかった しき

もとに なる ことがら (　)の つかいかた

(　)を つかった しきの 計算(けいさん)を しましょう。

❶ 60+30+10の 計算

● じゅんに たす

60+30+10
└左(ひだり)から 計算

60+30=90
90+10=100 ←答(こた)えは 100

● まとめて たす

60+30+10
└先(さき)に 計算

30+10=40
60+40=100 ←答えは 100

$$60+30+10=60+(30+10)$$

まとめて たす ときは (　)を つかいます。
(　)の 中は 先に 計算します。

❷ 120−60−40の 計算

● じゅんに ひく

120−60−40
└左から 計算

120−60=60
60−40=20 ←答えは 20

● まとめて ひく

120−(60+40)
└先に 計算

60+40=100
120−100=20 ←答えは 20

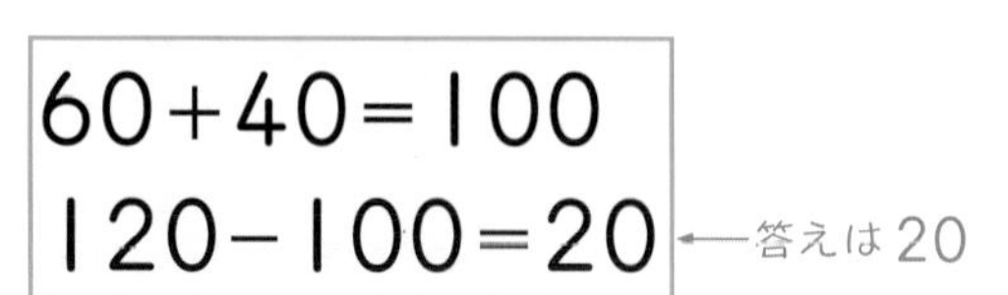

$$120-60-40=120-(60+40)$$

まとめて ひくときは，(　)を つかいます。

教科書のドリル

答え → べっさつ14ページ

1 □に あてはまる 数を 書きましょう。

(1) 16+8+6=16+(□+6)

(2) 23−5−3=23−(5+□)

2 計算を しましょう。

(1) 25+6+4　　(2) 30+7+13

(3) 19−6+8　　(4) 53+6−7

3 公園に はとが 25わ いました。そこへ，7わ とんで きました。また，3ば とんで きました。

はとは 何ばに なったでしょう。

(　　　　　)

4 みきさんは 色紙を 24まい もって いました。

きのう，15まい つかいました。

今日，5まい つかいました。

色紙は 何まいに なりましたか。

(　　　　　)

5 ともやさんは 96ページの 本を 読んで います。

きのう，34ページ 読みました。今日，36ページ 読みました。

あと，何ページ のこって いるでしょう。

(　　　　　)

テストに出るもんだい①

答え ➡ べっさつ14ページ
時間20分

1 計算を しましょう。 ［8点ずつ…合計48点］

(1) 15+6+9　　(2) 21+5+5

(3) 26−4−6　　(4) 33−8−2

(5) 19−8+5　　(6) 27+3−9

2 公園に はとが 12わ いました。
そこへ，6わ きました。
さらに，7わ きました。
はとは 何ばに なったでしょう。

〔　　　　〕 ［16点］

3 おはじきを 30こ もって いました。
きのう，妹に 12こ あげました。
今日，お姉さんから 8こ もらいました。
おはじきは 何こに なりましたか。

〔　　　　〕 ［18点］

4 はたけに カラスが 13ば いました。5わ どこかへ いきました。
その後 8わ きました。
カラスは 何ばに なったでしょう。

〔　　　　〕 ［18点］

テストに出るもんだい②

答え → べっさつ15ページ
時間20分

1 □に あてはまる 数を 書きましょう。 [8点ずつ…合計24点]

(1) 100+60+40=100+(□+40)

(2) 48+19+11=48+(19+□)

(3) 64−12−18=64−(12+□)

2 くふうして 計算しましょう。 [7点ずつ…合計42点]

(1) 26+5+5　　(2) 18+3+7

(3) 43+48+2　　(4) 39+18+32

(5) 63−4−6　　(6) 49−18−22

3 ミニトマトが 90こ ありました。
きのう，18こ 食べました。
今日，32こ 食べました。
ミニトマトは 何こに なりましか。

[17点]

〔　　　　　　〕

4 あきカンを あつめて います。
3日間で あつめた あきカンは ぜんぶで 何こでしょう。 [17点]

おととい	きのう	今日
28こ	37こ	33こ

〔　　　　　　〕

かぎあな

答(こた)え → 127 ページ

かぎの 数(かず)と 同(おな)じ 答(こた)えの かぎあなを ⬭ で かこみましょう。

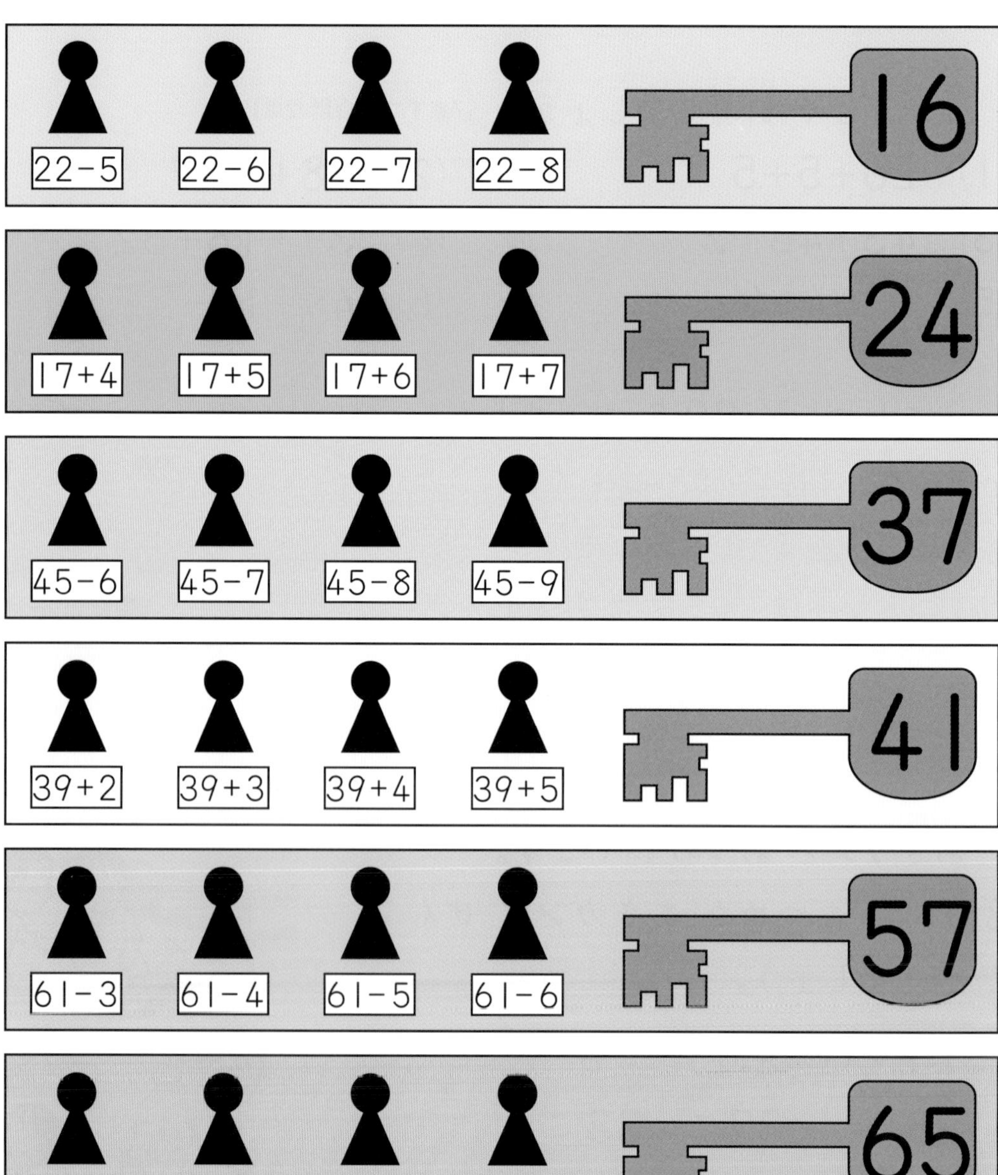

9 たし算の ひっ算

学習のねらい

式や答えが 100 以上の数で
くり上がりのあるたし算の仕方を勉強します。

★ くり上がりが 1 回の たし算

◆ 63+84の ひっ算

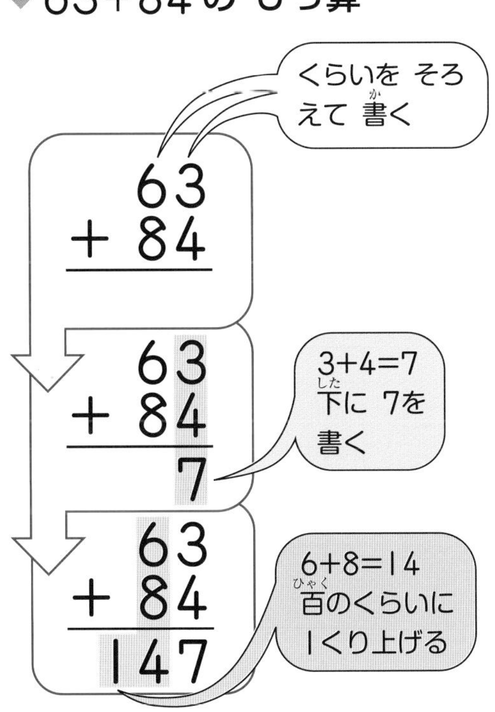

★ くり上がりが 2 回の たし算

◆ 48+74の ひっ算

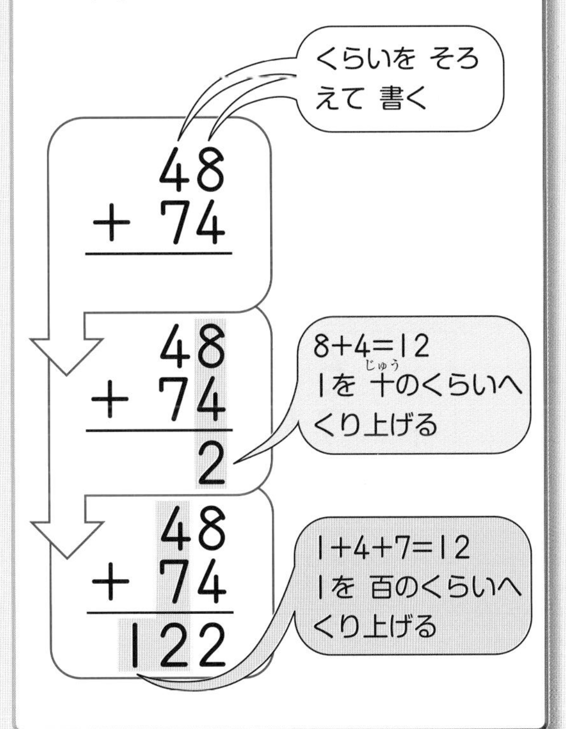

くり上がりの ある たし算

もとに なる ことがら 2けたの たし算

74+53, 68+75の 計算(けいさん)を しましょう。

❶ 74+53の ひっ算

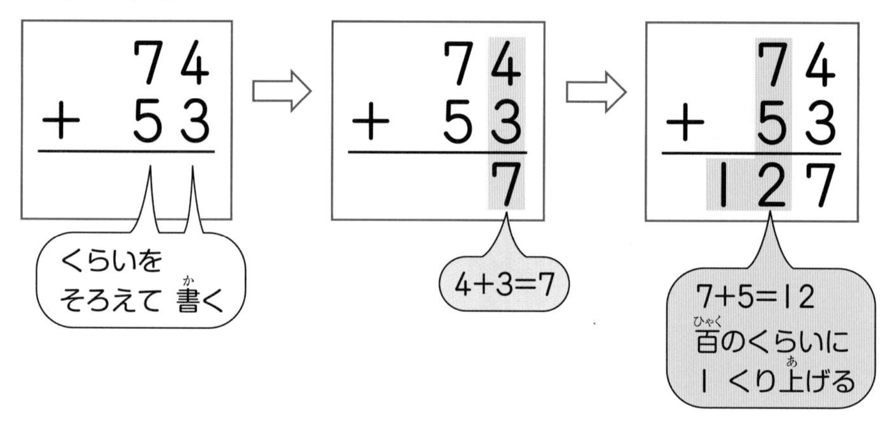

❷ 68+75の ひっ算

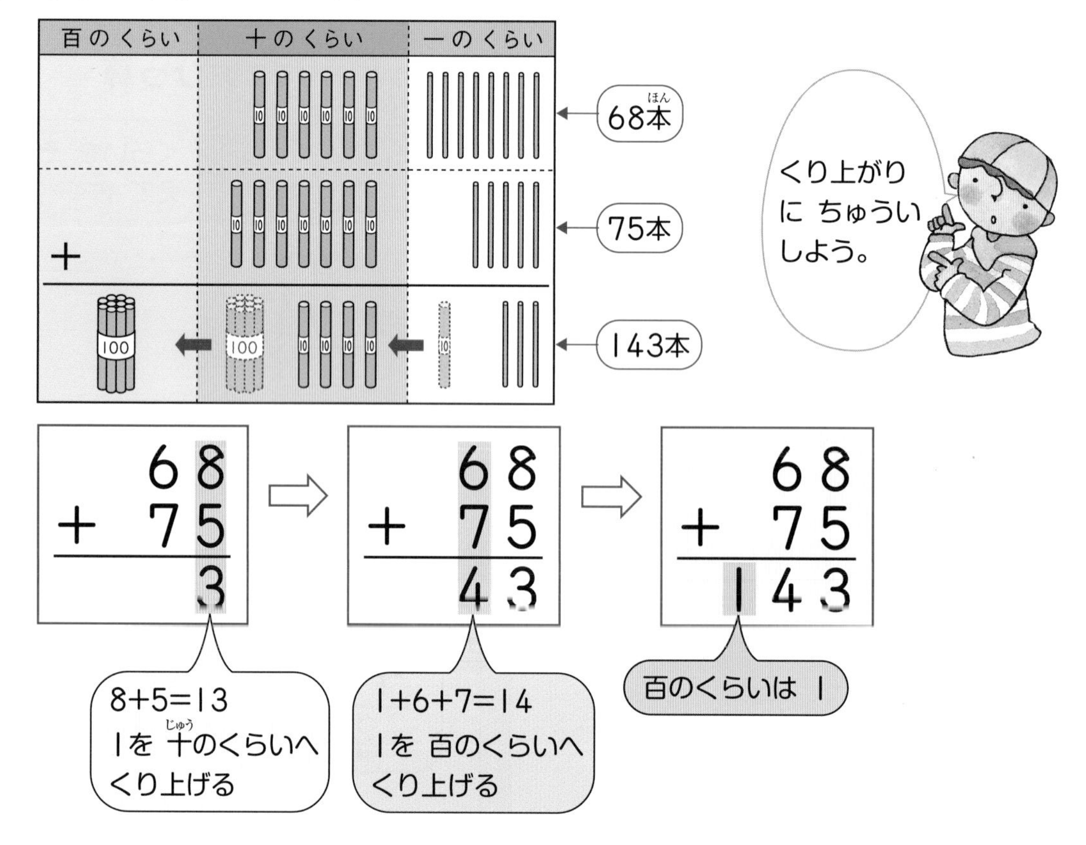

教科書のドリル

答え → べっさつ15ページ

1 たし算を しましょう。

(1) $\begin{array}{r} 82 \\ +\ 97 \\ \hline \end{array}$　(2) $\begin{array}{r} 54 \\ +\ 93 \\ \hline \end{array}$　(3) $\begin{array}{r} 88 \\ +\ 31 \\ \hline \end{array}$　(4) $\begin{array}{r} 90 \\ +\ 67 \\ \hline \end{array}$

(5) $\begin{array}{r} 92 \\ +\ 9 \\ \hline \end{array}$　(6) $\begin{array}{r} 86 \\ +\ 69 \\ \hline \end{array}$　(7) $\begin{array}{r} 32 \\ +148 \\ \hline \end{array}$　(8) $\begin{array}{r} 227 \\ +\ 58 \\ \hline \end{array}$

2 おじいさんは きくの 花を 86 本 うえました。今日，花やさんから 18 本 買って きました。

あわせて 何本に なったでしょう。

（　　　　　）

3 かずまさんの 学校の 2 年生は 右の ひょうの とおりです。

2 年生は みんなで 何人でしょう。

2年生の 人数

男	82人
女	79人

（　　　　　）

4 りんごの 木が 道の 東がわに 76 本 うえて あります。道の 西がわにも 74 本 うえて あります。

みんなで 何本 あるでしょう。

（　　　　　）

テストに出るもんだい①

答え → べっさつ16ページ
時間20分

1 たし算を しましょう。 [7点ずつ…合計28点]

(1) $\begin{array}{r} 84 \\ +\ 72 \\ \hline \end{array}$　(2) $\begin{array}{r} 53 \\ +\ 91 \\ \hline \end{array}$　(3) $\begin{array}{r} 8 \\ +\ 95 \\ \hline \end{array}$　(4) $\begin{array}{r} 48 \\ +\ 56 \\ \hline \end{array}$

2 たし算を しましょう。 [7点ずつ…合計28点]

(1) $\begin{array}{r} 127 \\ +\ 6 \\ \hline \end{array}$　(2) $\begin{array}{r} 105 \\ +\ 88 \\ \hline \end{array}$　(3) $\begin{array}{r} 232 \\ +\ 59 \\ \hline \end{array}$　(4) $\begin{array}{r} 301 \\ +\ 89 \\ \hline \end{array}$

3 きよかさんの 学校の 2年生の 男の子は 56人で，女の子は 52人です。

[12点ずつ…合計24点]

(1) 2年生は みんなで 何人でしょう。

〔　　　　　　〕

(2) 1年生は 85人です。1年生と 2年生 あわせて 何人でしょう。

〔　　　　　　〕

4 けんとさんは，105円の チョコレートと 87円の ビスケットを 買いました。はらった お金は いくらでしょう。 [20点]

〔　　　　　　〕

テストに出るもんだい②

答え → べっさつ16ページ
時間20分

1 たし算を ひっ算で しましょう。［10点ずつ…合計30点］

（1） 73+65　　（2） 27+79　　（3） 87+36

2 たし算を ひっ算で しましょう。［10点ずつ…合計30点］

（1） 175+8　　（2） 123+59　　（3） 105+39

3 みほさんは 毎日 読書を しています。きのうは 49ページ，今日は 53ページ 読みました。きのうと 今日と あわせて 何ページ 読んだでしょう。［13点］

〔　　　　　　〕

4 ひろのりさんは シールを 205まい もっています。弟は 37まい もっています。ふたり あわせて 何まい もっているでしょう。［13点］

〔　　　　　　〕

5 ひよこが 87わ いました。今日，23ば たまごから かえりました。ひよこは みんなで 何ばに なったでしょう。［14点］

〔　　　　　　〕

おもしろ算数

あんごう文

答え → 127ページ

▶ けんとさんは りささんから 手紙を もらいました。でも，あんごうなので いみが わかりません。何と 書いて あるのでしょう。

計算の 答えの ところの 文字を じゅんに つなげば わかります。

あ	あ	う	う	か	が
192	300	162	500	292	230
こ	ご	そ	ぞ	ほ	ぼ
272	190	254	182	368	290

① $319 + 49$

② $200 + 300$

③ $207 + 85$

④ $153 + 37$

⑤ $57 + 135$

⑥ $207 + 47$

⑦ $62 + 228$

⑧ $129 + 33$

10 ひき算の ひっ算

学習のねらい

ひかれる数が 100 以上で，
くり下がりのあるひき算の仕方を勉強します。

✪ くり下がりが 1 回の ひき算

◆ 126−74 の ひっ算

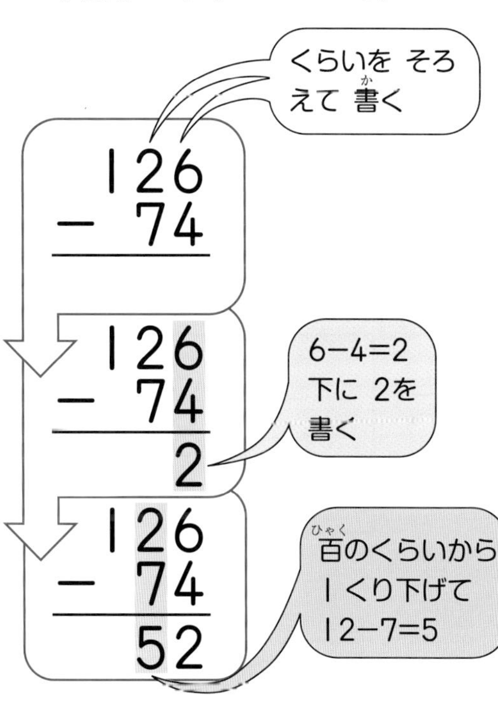

✪ くり下がりが 2 回の ひき算

◆ 123−84 の ひっ算

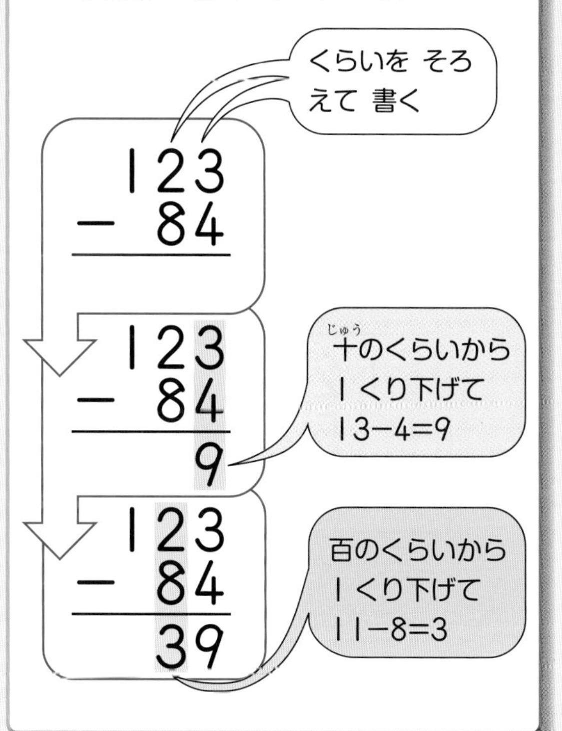

1 くり下がりの ある ひき算

もとに なる ことがら (3けたの数)－(2けたの数)

135－64，123－58の 計算(けいさん)を しましょう。

❶ 135－64の ひっ算(さん)

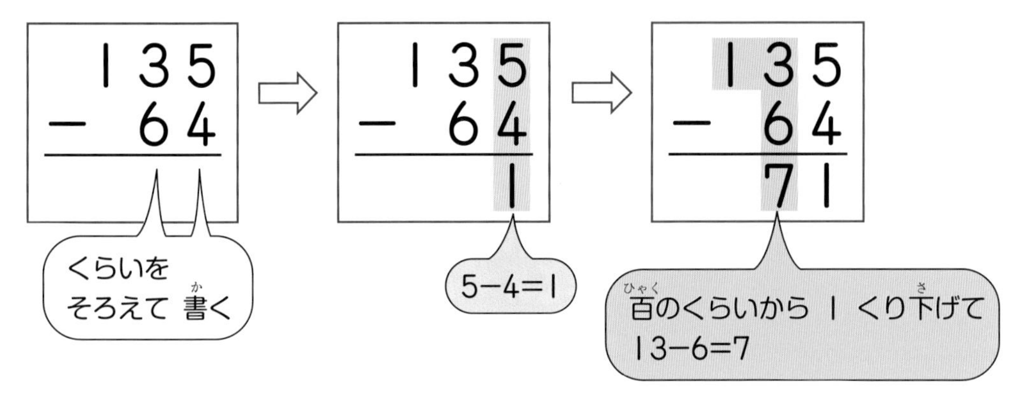

❷ 123－58の ひっ算

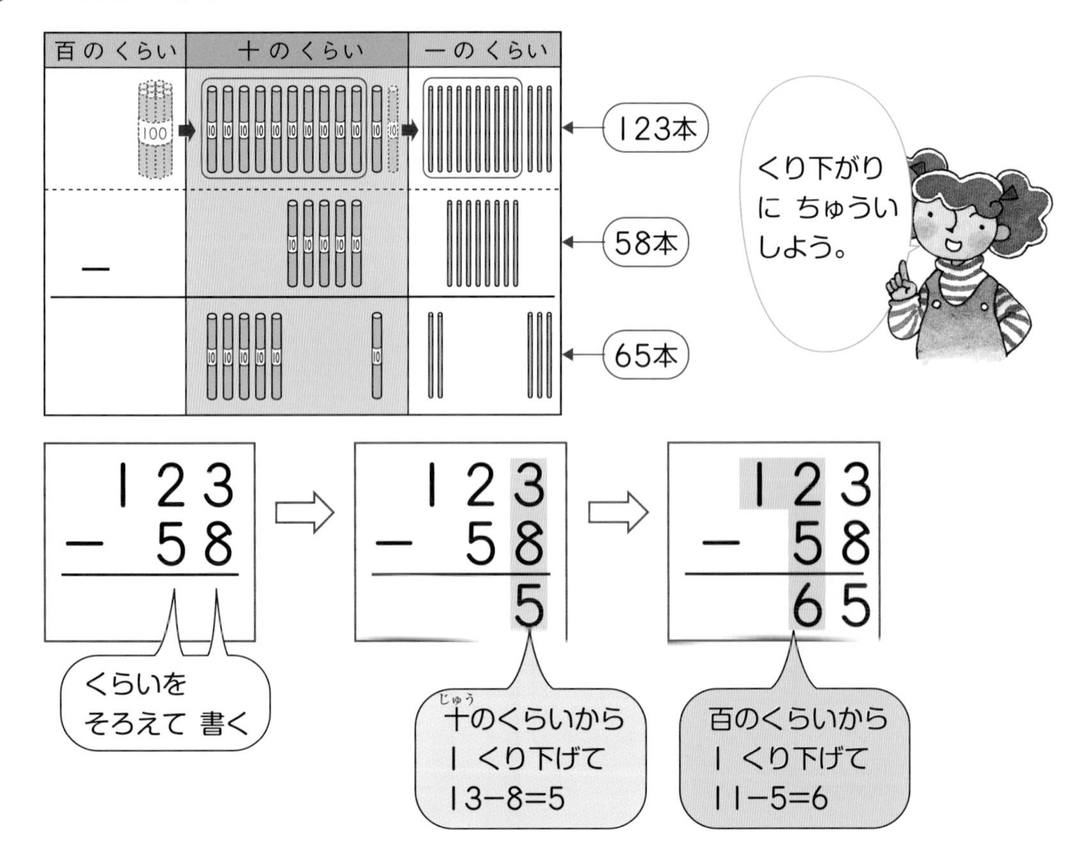

教科書のドリル

答え → べっさつ17ページ

1 ひき算を しましょう。

(1) $\begin{array}{r} 145 \\ -\ 62 \\ \hline \end{array}$　(2) $\begin{array}{r} 118 \\ -\ 46 \\ \hline \end{array}$　(3) $\begin{array}{r} 154 \\ -\ 81 \\ \hline \end{array}$　(4) $\begin{array}{r} 107 \\ -\ 8 \\ \hline \end{array}$

(5) $\begin{array}{r} 125 \\ -\ 38 \\ \hline \end{array}$　(6) $\begin{array}{r} 188 \\ -\ 99 \\ \hline \end{array}$　(7) $\begin{array}{r} 141 \\ -\ 45 \\ \hline \end{array}$　(8) $\begin{array}{r} 170 \\ -\ 78 \\ \hline \end{array}$

2 たくみさんが りょう手を ひろげた 長さは 117cm です。ひろとさんは たくみさんより 25cm みじかいそうです。

ひろとさんの りょう手を ひろげた 長さは 何cm でしょう。（　　　　）

3 ゆう園地に 子どもが 132人, おとなが 38人 います。

子どものほうが おとなより 何人 多いでしょう。（　　　　）

4 かれんさんと まさみさんが なわとびを しました。

かれんさんのほうが 何回 多く とんだでしょう。（　　　　）

なわとびの 回数

かれん	106回
まさみ	98回

テストに出るもんだい①

答え ➡ べっさつ17ページ
時間20分

1 ひき算を しましょう。 ［10点ずつ…合計30点］

(1)
$$\begin{array}{r} 184 \\ -\ 62 \\ \hline \end{array}$$

(2)
$$\begin{array}{r} 153 \\ -\ 91 \\ \hline \end{array}$$

(3)
$$\begin{array}{r} 162 \\ -\ 35 \\ \hline \end{array}$$

2 ひき算を しましょう。 ［10点ずつ…合計30点］

(1)
$$\begin{array}{r} 136 \\ -\ 48 \\ \hline \end{array}$$

(2)
$$\begin{array}{r} 132 \\ -\ 89 \\ \hline \end{array}$$

(3)
$$\begin{array}{r} 101 \\ -\ 5 \\ \hline \end{array}$$

3 あきとさんは 150円 もって います。
［12点ずつ…合計24点］

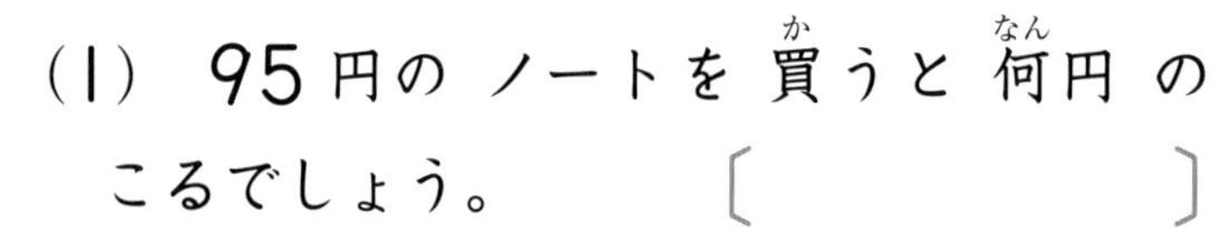

(1) 95円の ノートを 買うと 何円 のこるでしょう。 〔　　　　〕

(2) おつりで 68円の えんぴつを 買う ことは できますか。できない場合，何円 たりないでしょう。

〔　　　　〕

4 たくろうさんの しん長は 132cm で，妹は 98cm です。
たくろうさんのほうが 何cm 高いでしょう。
［16点］

〔　　　　〕

テストに出るもんだい②

答え ➜ べっさつ17ページ
時間20分

1 ひき算を ひっ算で しましょう。 [10点ずつ…合計30点]

(1) 173−65　　(2) 272−57　　(3) 120−19

2 ひき算を ひっ算で しましょう。 [10点ずつ…合計30点]

(1) 163−89　　(2) 121−85　　(3) 103−49

3 113人が 2台の バスで 遠足に 行きます。前の バスに 60人 のります。後ろの バスには 何人 のるのでしょう。 [12点]　〔　　　　　〕

4 赤い 玉と 青い 玉が あわせて 125こ あります。そのうち，赤い 玉は 67こです。青い 玉は 何こ あるでしょう。

[14点]　〔　　　　　〕

5 としやさんは どんぐりを 115こ，弟は 78こ ひろいました。としやさんは 弟より 何こ 多く ひろったでしょう。 [14点]　〔　　　　　〕

おもしろ算数 クロス ナンバー パズル

答え → 127ページ

「よこの かぎ」の 答えは，１字ずつ よこに ならべて 書きましょう。
「たての かぎ」の 答えは，１字ずつ たてに ならべて 書きましょう。

よこの かぎ

㋐ $177 - 49$

㋒ $110 - 39$

㋔ $136 - 97$

㋖ $197 - 55$

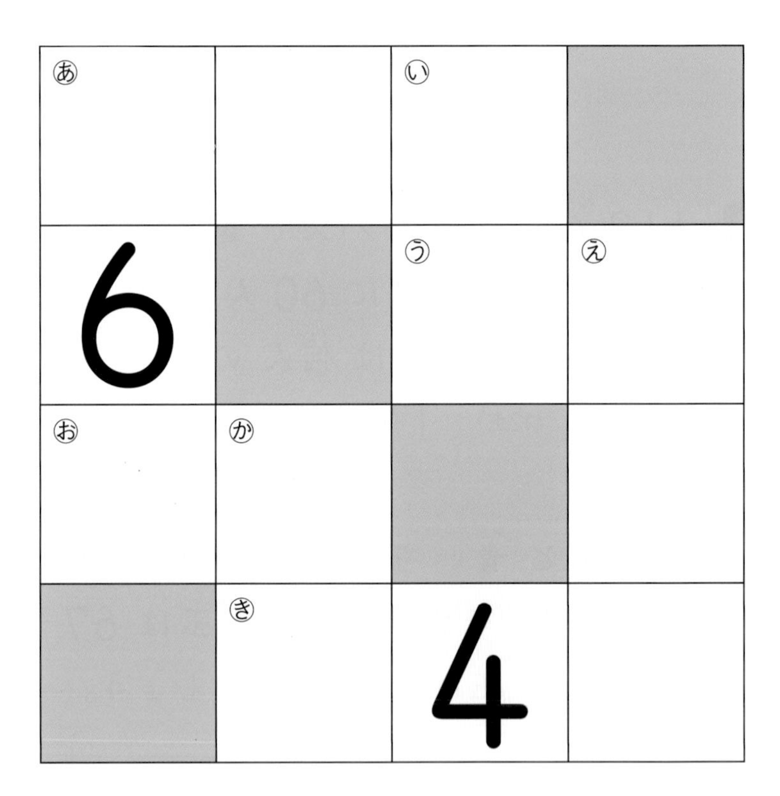

たての かぎ

㋐ $175 - 12$

㋑ $136 - 49$

㋓ $199 - 47$

㋕ $106 - 15$

11 かけ算(1)…5，2，3，4のだん

学習のねらい

2の段から5の段までの九九を覚えます。

✪ かけ算の いみ

◆5×3のような 計算を かけ算と いいます。

◆5×3の 答えを「五三 15」と いって おぼえます。
このような いい方を 九九と いいます。

✪ 九九……5のだん，2のだん，3のだん，4のだん

5のだん		2のだん		3のだん		4のだん	
五一が	5	二一が	2	三一が	3	四一が	4
五二	10	二二が	4	三二が	6	四二が	8
五三	15	二三が	6	三三が	9	四三	12
五四	20	二四が	8	三四	12	四四	16
五五	25	二五	10	三五	15	四五	20
五六	30	二六	12	三六	18	四六	24
五七	35	二七	14	三七	21	四七	28
五八	40	二八	16	三八	24	四八	32
五九	45	二九	18	三九	27	四九	36

5，2のだんの かけ算

もとに なる ことがら 5×○，2×△のかけ算

5のだん，2のだんの 九九(くく)を つくりましょう。

❶ かけ算の いみ

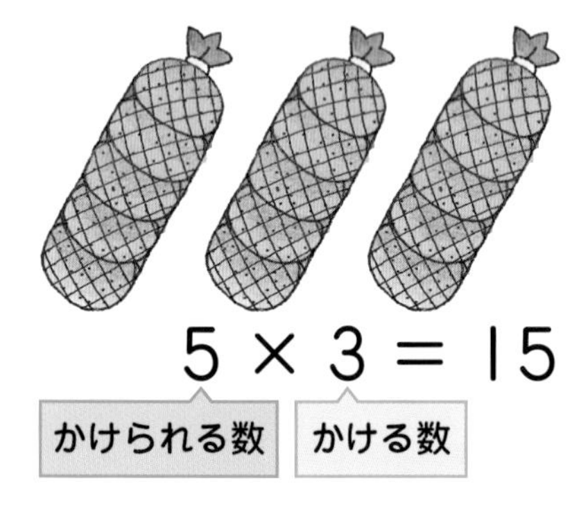

5 × 3 ＝ 15

かけられる数　かける数

みかんの 数(かず)は 5この 3つ分(ぶん)です。

5の 3つ分の ことを 5×3と 書(か)き，「5かける3」と 読(よ)みます。

5×3の 答(こた)えは，5＋5＋5の 計算(けいさん)で もとめる ことが できます。

3つ分の ことを 3ばいと いいます。

❷ 5のだんの 九九

● 5のだんは どんな ふえ方(かた)でしょう。

	5×1＝5
	5×2＝10
	5×3＝15
	5×4＝□

5ずつ ふえて いきます。 (答え) 20

5×1＝ 5	五一(ごいち)が5
5×2＝10	五二(ごに) 10
5×3＝15	五三(ごさん) 15
5×4＝20	五四(ごし) 20
5×5＝25	五五(ごご) 25
5×6＝30	五六(ごろく) 30
5×7＝35	五七(ごしち) 35
5×8＝40	五八(ごは) 40
5×9＝45	五九(ごっく) 45

❸ 2のだんの 九九

● 2のだんは どんな ふえ方でしょう。

	2×1＝2
	2×2＝4
	2×3＝6
	2×4＝□

2ずつ ふえて いきます。 (答え) 8

2×1＝ 2	二一(にいち)が2
2×2＝ 4	二二(ににん)が4
2×3＝ 6	二三(にさん)が6
2×4＝ 8	二四(にし)が8
2×5＝10	二五(にご) 10
2×6＝12	二六(にろく) 12
2×7＝14	二七(にしち) 14
2×8＝16	二八(にはち) 16
2×9＝18	二九(にく) 18

教科書のドリル

答(こた)え → べっさつ18ページ

1 答(こた)えが 同(おな)じに なるように，□に あてはまる 数(かず)を 書(か)きましょう。

(1) $5+5+5+5=5\times$□

(2) $2+2+2=2\times$□

(3) $5+5+5+5+5+5+5=5\times$□

(4) $2+2+2+2+2+2=2\times$□

2 5cmの 2ばいの 長(なが)さは 何(なん)cmに なるでしょう。

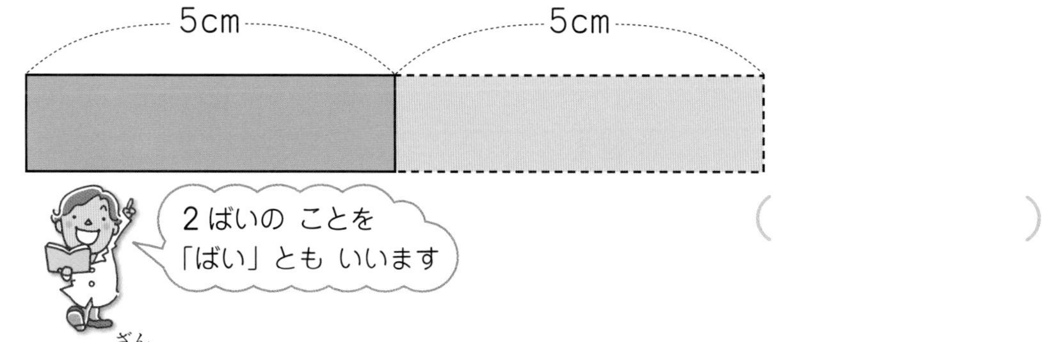

（　　　）

3 かけ算(ざん)を しましょう。

(1) $5\times5=$（　　） (2) $5\times3=$（　　） (3) $5\times8=$（　　）

(4) $5\times4=$（　　） (5) $5\times1=$（　　） (6) $5\times6=$（　　）

(7) $5\times9=$（　　） (8) $5\times7=$（　　） (9) $5\times2=$（　　）

4 かけ算を しましょう。

(1) $2\times4=$（　　） (2) $2\times2=$（　　） (3) $2\times5=$（　　）

(4) $2\times7=$（　　） (5) $2\times9=$（　　） (6) $2\times3=$（　　）

(7) $2\times8=$（　　） (8) $2\times1=$（　　） (9) $2\times6=$（　　）

2 3，4のだんの かけ算

もとに なる ことがら 3×○，4×△

3のだん，4のだんの 九九を つくりましょう。

① 3のだんの 九九

● 3のだんは どんな ふえ方で しょう。

	3×1＝3
	3×2＝6
	3×3＝9
	3×4＝□

3ずつ ふえて いきます。

（答え） 12

3×1＝3	三一が	3
3×2＝6	三二が	6
3×3＝9	三三が	9
3×4＝12	三四	12
3×5＝15	三五	15
3×6＝18	三六	18
3×7＝21	三七	21
3×8＝24	三八	24
3×9＝27	三九	27

② 4のだんの 九九

● 4のだんは どんな ふえ方で しょう。

	4×1＝4
	4×2＝8
	4×3＝12
	4×4＝□

4ずつ ふえて いきます。

（答え） 16

4×1＝4	四一が	4
4×2＝8	四二が	8
4×3＝12	四三	12
4×4＝16	四四	16
4×5＝20	四五	20
4×6＝24	四六	24
4×7＝28	四七	28
4×8＝32	四八	32
4×9＝36	四九	36

教科書のドリル

答え → べっさつ18ページ

1 かけ算を しましょう。

(1) 3×3=(　　)　(2) 3×8=(　　)　(3) 3×6=(　　)

(4) 3×2=(　　)　(5) 3×1=(　　)　(6) 3×5=(　　)

(7) 3×7=(　　)　(8) 3×4=(　　)　(9) 3×9=(　　)

2 かけ算を しましょう。

(1) 4×8=(　　)　(2) 4×4=(　　)　(3) 4×2=(　　)

(4) 4×1=(　　)　(5) 4×7=(　　)　(6) 4×3=(　　)

(7) 4×9=(　　)　(8) 4×6=(　　)　(9) 4×5=(　　)

3 はるかさんの 学校の 2年生は 6クラス あります。

クラスの だいひょうを かくクラス 4人ずつ えらぶと だいひょうは みんなで 何人に なるでしょう。

(　　　　)

4 3dL入りの ジュースが 5本 あります。

ぜんぶで 何dLに なるでしょう。

(　　　　)

テストに出るもんだい①

答え ➡ べっさつ19ページ
時間20分

1 いくつに なるでしょう。［5点ずつ…合計20点］

(1) 5の 6ばい〔　　　〕　(2) 2の 4ばい〔　　　〕

(3) 4の 5ばい〔　　　〕　(4) 3の 9ばい〔　　　〕

2 かけ算を しましょう。［5点ずつ…合計40点］

(1) 2×2=〔　　〕　(2) 3×4=〔　　〕　(3) 4×5=〔　　〕

(4) 5×7=〔　　〕　(5) 3×5=〔　　〕　(6) 5×9=〔　　〕

(7) 2×8=〔　　〕　(8) 4×2=〔　　〕

3 色紙を ひとりに 5まいずつ くばります。
5人分では 何まいに なるでしょう。

［20点］

〔　　　　　〕

4 ケーキが 皿に 2こずつ のって います。

7皿では 何こに なるでしょう。

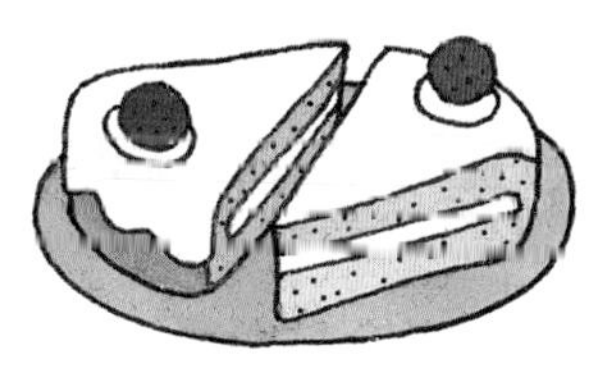

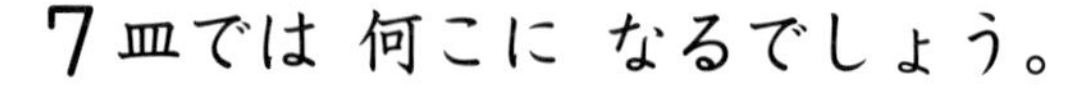

［20点］

〔　　　　　〕

テストに出るもんだい②

答え → べっさつ19ページ
時間20分

1 かけ算を しましょう。 [4点ずつ…合計60点]

(1) 3×6=[　　] (2) 4×4=[　　] (3) 3×8=[　　]

(4) 2×5=[　　] (5) 5×3=[　　] (6) 4×8=[　　]

(7) 4×9=[　　] (8) 3×9=[　　] (9) 2×6=[　　]

(10) 4×3=[　　] (11) 5×4=[　　] (12) 3×3=[　　]

(13) 2×9=[　　] (14) 5×8=[　　] (15) 4×7=[　　]

2 3人がけの いすが 7つ あります。
みんなで 何人 すわれるでしょう。 [13点]

[　　　　]

3 1本の 長さが 4cmの ひごを つかって，右のような 形を つくります。
まわりの 長さは 何cmでしょう。 [13点]

[　　　　]

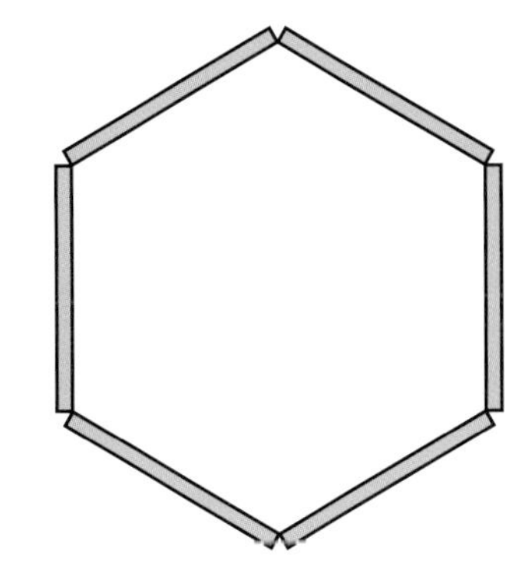

4 1こ 5円の あめを 8こ 買うと，何円に なるでしょう。 [14点]

[　　　　]

何に なるかな？（3）

答え → 127 ページ

4のだんの 九九の 答えの ところを，赤で ぬりましょう。

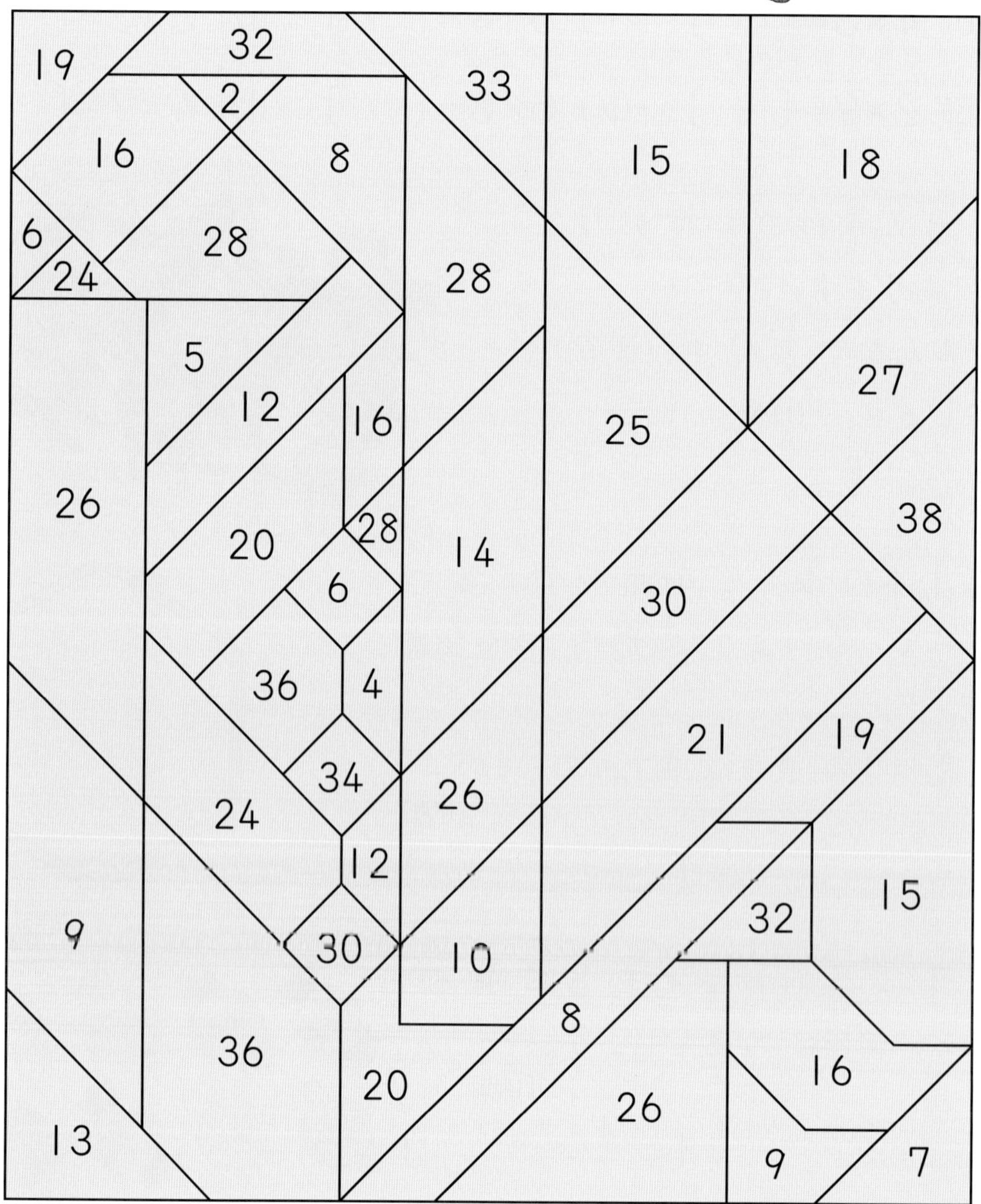

12 かけ算(2)…6, 7, 8, 9, 1のだん

学習のねらい

すべての段のかけ算ができるように勉強します。

教科書のまとめ

★ 九九（くく）……6のだん, 7のだん, 8のだん, 9のだん, 1のだん

6のだん	7のだん	8のだん	9のだん	1のだん
六一（ろくいち）が 6	七一（しちいち）が 7	八一（はちいち）が 8	九一（くいち）が 9	一一（いんいち）が 1
六二（ろくに） 12	七二（しちに） 14	八二（はちに） 16	九二（くに） 18	一二（いんに）が 2
六三（ろくさん） 18	七三（しちさん） 21	八三（はちさん） 24	九三（くさん） 27	一三（いんさん）が 3
六四（ろくし） 24	七四（しちし） 28	八四（はちし） 32	九四（くし） 36	一四（いんし）が 4
六五（ろくご） 30	七五（しちご） 35	八五（はちご） 40	九五（くご） 45	一五（いんご）が 5
六六（ろくろく） 36	七六（しちろく） 42	八六（はちろく） 48	九六（くろく） 54	一六（いんろく）が 6
六七（ろくしち） 42	七七（しちしち） 49	八七（はちしち） 56	九七（くしち） 63	一七（いんしち）が 7
六八（ろくは） 48	七八（しちは） 56	八八（はっぱ） 64	九八（くは） 72	一八（いんはち）が 8
六九（ろっく） 54	七九（しちく） 63	八九（はっく） 72	九九（くく） 81	一九（いんく）が 9

1 6，7のだんの かけ算

もとに なる ことがら 6×○，7×△

6のだん，7のだんの 九九(くく)を つくりましょう。

❶ 6のだんの 九九

●6のだんは どんな ふえ方(かた)で しょう。

	6×1＝6
	6×2＝12
	6×3＝18
	6×4＝□

6ずつ ふえて いきます。

(答え) 24

6×1＝6	六一(ろくいち)が	6
6×2＝12	六二(ろくに)	12
6×3＝18	六三(ろくさん)	18
6×4＝24	六四(ろくし)	24
6×5＝30	六五(ろくご)	30
6×6＝36	六六(ろくろく)	36
6×7＝42	六七(ろくしち)	42
6×8＝48	六八(ろくは)	48
6×9＝54	六九(ろっく)	54

❷ 7のだんの 九九

●7のだんは どんな ふえ方で しょう。

	7×1＝7
	7×2＝14
	7×3＝21
	7×4＝□

7ずつ ふえて いきます。

(答え) 28

7×1＝7	七一(しちいち)が	7
7×2＝14	七二(しちに)	14
7×3＝21	七三(しちさん)	21
7×4＝28	七四(しちし)	28
7×5＝35	七五(しちご)	35
7×6＝42	七六(しちろく)	42
7×7＝49	七七(しちしち)	49
7×8＝56	七八(しちは)	56
7×9＝63	七九(しちく)	63

教科書のドリル

答え → べっさつ19ページ

1 かけ算を しましょう。

(1) 6×5=(　　)　(2) 6×3=(　　)　(3) 6×9=(　　)

(4) 6×7=(　　)　(5) 6×2=(　　)　(6) 6×1=(　　)

(7) 6×4=(　　)　(8) 6×8=(　　)　(9) 6×6=(　　)

2 かけ算を しましょう。

(1) 7×6=(　　)　(2) 7×9=(　　)　(3) 7×2=(　　)

(4) 7×5=(　　)　(5) 7×1=(　　)　(6) 7×8=(　　)

(7) 7×7=(　　)　(8) 7×3=(　　)　(9) 7×4=(　　)

3 けいたさんは まい日 うんどう場を 6しゅう します。5日間で 何しゅう できるでしょう。

(　　　　)

4 1週間は 7日です。
4週間は 何日でしょう。

(　　　　)

日	月	火	水	木	金	土
1	2	3	4	5	6	7
8	9	10	11	12	13	14
15	16	17	18	19	20	21
22	23	24	25	26	27	28
29	30	31				

2 8, 9, 1のだんの かけ算

もとに なる ことがら 8×○, 9×△, 1×□

8のだん, 9のだん, 1のだんの 九九(くく)を つくりましょう。

❶ 8のだんの 九九

● 8のだんは どんな ふえ方(かた)でしょう。

(図)	8×1= 8
(図)	8×2=16
(図)	8×3=24
(図)	8×4=□

8ずつ ふえて いきます。 答え 32

8×1= 8	八一(はちいち)が8
8×2=16	八二(はちに) 16
8×3=24	八三(はちさん) 24
8×4=32	八四(はちし) 32
8×5=40	八五(はちご) 40
8×6=48	八六(はちろく) 48
8×7=56	八七(はちしち) 56
8×8=64	八八(はっぱ) 64
8×9=72	八九(はっく) 72

❷ 9のだんの 九九

● 9のだんは どんな ふえ方でしょう。

(図)	9×1= 9
(図)	9×2=18
(図)	9×3=27
(図)	9×4=□

9ずつ ふえて いきます。 答え 36

9×1= 9	九一(くいち)が9
9×2=18	九二(くに) 18
9×3=27	九三(くさん) 27
9×4=36	九四(くし) 36
9×5=45	九五(くご) 45
9×6=54	九六(くろく) 54
9×7=63	九七(くしち) 63
9×8=72	九八(くは) 72
9×9=81	九九(くく) 81

❸ 1のだんの 九九

● 1のだんは どんな ふえ方でしょう。

(図)	1×1= 1
(図)	1×2= 2
(図)	1×3= 3
(図)	1×4=□

1ずつ ふえて いきます。 答え 4

1×1=1	一一(いんいち)が1
1×2=2	一二(いんに)が2
1×3=3	一三(いんさん)が3
1×4=4	一四(いんし)が4
1×5=5	一五(いんご)が5
1×6=6	一六(いんろく)が6
1×7=7	一七(いんしち)が7
1×8=8	一八(いんはち)が8
1×9=9	一九(いんく)が9

教科書のドリル

答え → べっさつ20ページ

1 かけ算を しましょう。

(1) $8 \times 9 =$ (　　)　(2) $8 \times 6 =$ (　　)　(3) $8 \times 4 =$ (　　)

(4) $8 \times 2 =$ (　　)　(5) $8 \times 7 =$ (　　)　(6) $8 \times 1 =$ (　　)

(7) $8 \times 5 =$ (　　)　(8) $8 \times 8 =$ (　　)　(9) $8 \times 3 =$ (　　)

2 かけ算を しましょう。

(1) $9 \times 4 =$ (　　)　(2) $9 \times 2 =$ (　　)　(3) $9 \times 7 =$ (　　)

(4) $9 \times 9 =$ (　　)　(5) $9 \times 8 =$ (　　)　(6) $9 \times 3 =$ (　　)

(7) $9 \times 1 =$ (　　)　(8) $9 \times 5 =$ (　　)　(9) $9 \times 6 =$ (　　)

3 かけ算を しましょう。

(1) $1 \times 3 =$ (　　)　(2) $9 \times 1 =$ (　　)　(3) $1 \times 6 =$ (　　)

(4) $7 \times 1 =$ (　　)　(5) $1 \times 4 =$ (　　)　(6) $8 \times 1 =$ (　　)

4 1つの 花びんに 8本ずつ 花を 入れます。

花びんが 6こ あるとき 花は 何本 ありますか。

(　　　　)

テストに出るもんだい①

答え → べっさつ20ページ
時間20分

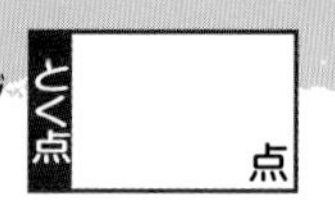

1 かけ算を しましょう。 [4点ずつ…合計60点]

(1) 9×3=〔　　〕　(2) 8×8=〔　　〕　(3) 1×7=〔　　〕

(4) 7×9=〔　　〕　(5) 6×6=〔　　〕　(6) 8×3=〔　　〕

(7) 9×6=〔　　〕　(8) 7×5=〔　　〕　(9) 6×4=〔　　〕

(10) 1×5=〔　　〕　(11) 9×7=〔　　〕　(12) 1×8=〔　　〕

(13) 6×7=〔　　〕　(14) 7×4=〔　　〕　(15) 8×9=〔　　〕

2 色いたを つかって，右のような ロケットの 形を 6つ 作ります。

色いたは ぜんぶで 何まい いるでしょう。 [13点]

〔　　　　〕

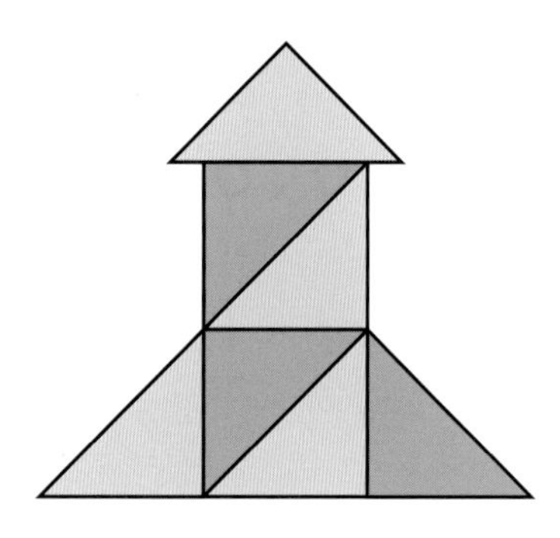

3 8L入る バケツで，水そうに 水を 5はい 入れました。

水は どれだけ 入ったでしょう。

[13点]

〔　　　　〕

4 1チーム 9人で 野きゅうを します。

8チームでは，みんなで 何人に なるでしょう。 [14点]

〔　　　　〕

テストに出るもんだい②

答え → べっさつ21ページ
時間20分

1 1L入りの 牛にゅうパックが 6本 あります。

ぜんぶで 何L あるでしょうか。 [20点]

〔　　　　〕

2 あすかさんの 教室の ランドセルの ロッカーは，1だんに 9こ 入ります。4だん あるとき，ランドセルは 多くて 何こ 入りますか。 [20点]

〔　　　　〕

3 ある パーティーの 丸い テーブルには 8人の 人が つけます。テーブルの 数は 7こで どの いすにも 人が すわって います。

パーティーには 何人 出せき しましたか。 [20点]

〔　　　　〕

4 ともやさんの 学校の 2年生は うんどう会で 6人ずつ 組になって 走ります。ちょうど 9組 できました。ともやさんの 学校の 2年生は 何人ですか。

[20点]

〔　　　　〕

5 7cmの 数えぼうが 7本あります。図のように ならべると ぜんたいの 長さは 何cmに なるでしょう。 [20点]

〔　　　　〕

おもしろ算数

何に なるかな？（4）

答え → 127 ページ

9のだんの 九九の 答えの ところを，
赤で ぬりましょう。

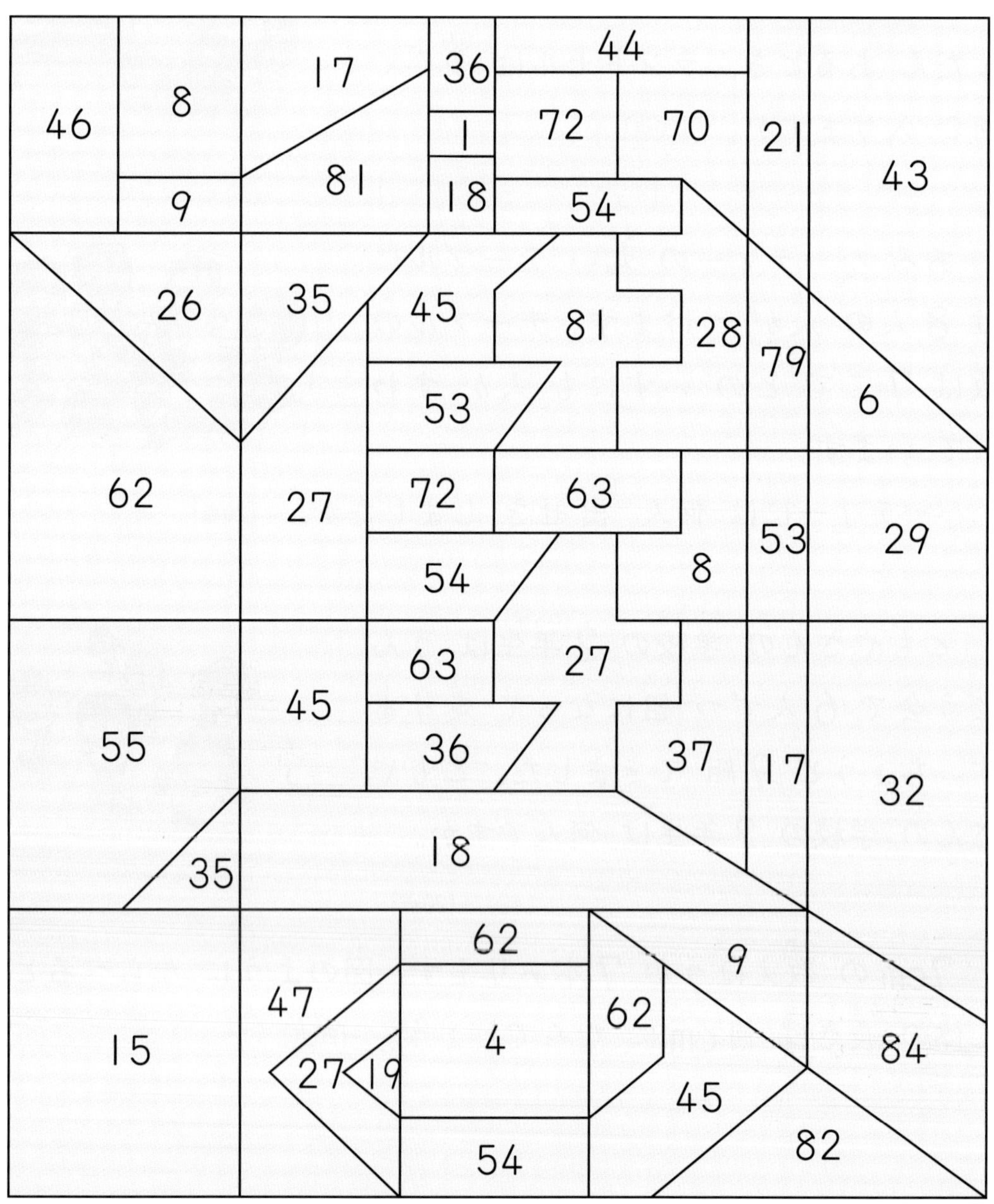

13 九九の きまり

学習のねらい

九九を通して，かけ算の性質や法則を学習します。

☆ かけ算(ざん)の きまり

◆ かけ算では，かける数(かず)が 1 ふえると，答(こた)えは かけられる数だけ ふえます。

$5 \times 3 = 15$

（かける数が 1ふえる → 答えが 5ふえる）

$5 \times 4 = 20$

◆ かけ算では，かける数と かけられる数を 入(い)れかえても 答えは かわりません。

$3 \times 5 = 5 \times 3$

☆ 九九を ひろげよう

あめは 何(なん)こ ありますか。

① 4この かたまりが 13こ あるから 4×13

$4 \times \square$ の $\square$ に，じゅんに 9，10，11，…と あてはめて いく。

② 13この かたまりが 4こ あるから

$13+13+13+13=52$（こ）

13は $6+7$ だから

$4 \times 6=24$ と $4 \times 7=28$ を あわせて

$24+28=52$（こ）

1 九九の ひょうと 九九の きまり

もとに なる ことがら 九九の ひょう，九九の きまり

九九の ひょうを つくって，きまりを 見つけましょう。

❶ 九九の ひょう

×		かける数								
		1	2	3	4	5	6	7	8	9
かけられる数	1	1	2	3	4	5	6	7	8	9
	2	2	4	6	8	10	12	14	16	18
	3	3	6	9	12	15	18	21	24	27
	4	4	8	12	16	20	24	28	32	36
	5	5	10	15	20	25	30	35	40	45
	6	6	12	18	24	30	36	42	48	54
	7	7	14	21	28	35	42	49	56	63
	8	8	16	24	32	40	48	56	64	72
	9	9	18	27	36	45	54	63	72	81

- かける数が 1 ふえると 答えは かけられる数だけ 大きく なります。
- かける数と かけられる数を 入れかえても 答えは 同じです。
- 答えが 12に なる かけ算を みんな 見つけましょう。
  2×6　3×4　4×3　□　　（答え）6×2
- 九九の ひょうで 1のだんの 答えと 2のだんの 答えを たすと □ のだんの 答えに なります。　（答え）3
- 九九の ひょうで 4のだんの 答えと □ のだんの 答えを たすと 9のだんの 答えに なります。　（答え）5

教科書のドリル

答え → べっさつ21ページ

1 (　　　)に あてはまる 数を 書きましょう。

(1) 7のだんでは，かける数が 1 ふえると，答えは (　　　) だけ ふえます。

(2) 6×4 は 6×3 より (　　　) 大きいです。

2 つぎの 九九と，同じ 答えに なる 九九を 書きましょう。

(1) 2×5 (　　　　　)　(2) 9×3 (　　　　　)

(3) 9×8 (　　　　　)　(4) 7×6 (　　　　　)

3 絵を はりました。

2通りの しきを かいて みんなで 何まいか もとめましょう。

(　　　　　　　　)

(　　　　　　　　)　(　　　　)

4 おかしが 1 れつに 6 こずつ 4れつ 入って います。

3こ 食べると，何こ のこるでしょう。

(　　　　　　)

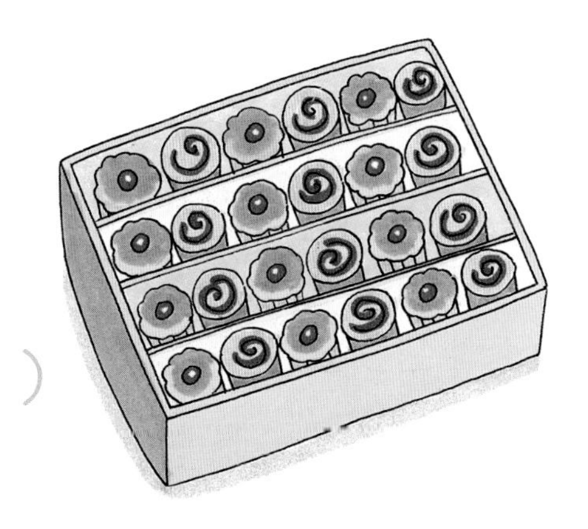

2 九九を ひろげよう

もとに なる ことがら 九九を ひろげる

くふうして 九九(くく)にない かけ算(ざん)の 答(こた)えを もとめましょう。

❶ くふうして クッキーの 数(かず)を 数(かぞ)えましょう。

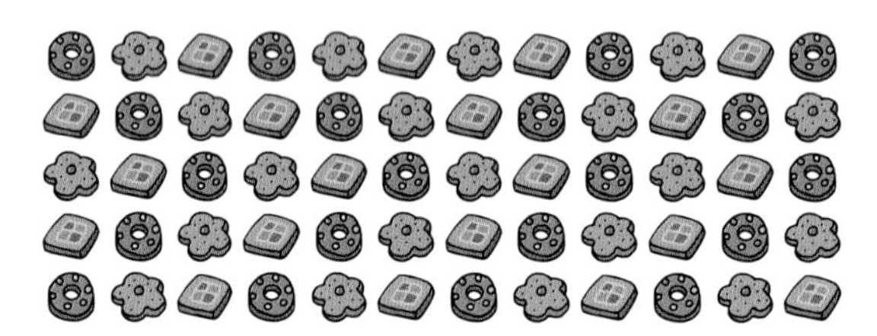

① □は 5×9=45
□は 5×10=50
□は 5×11=55
□は 5×12=60(まい)

② 12この かたまりが 5こ あるので
12+12+12+12+12=60(まい)

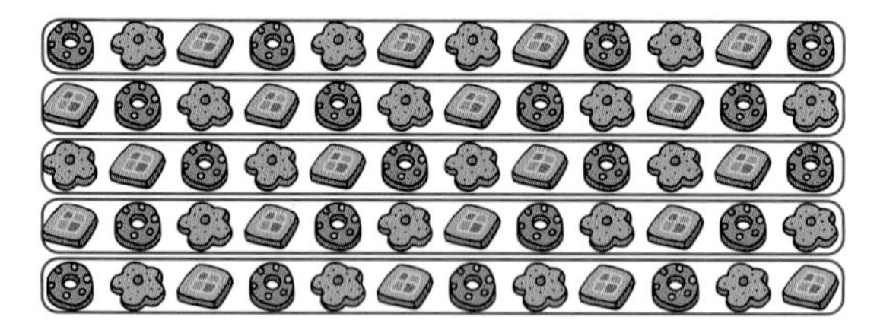

③ 5この かたまりが 12こ あるから 5×12
12は 10+2だから5×10=50と5×2=10を あわせて
50+10=60(まい)

教科書のドリル

答え → べっさつ22ページ

1 12×6の 答えを つぎの 3通りの 方ほうで もとめましょう。

(1) 6×12の 答えと 同じなので，6×9から，かける数を じゅんに 大きく していく。

(2) 12ずつ たす。

(3) 12を 10と 2の 2つの 数に 分ける。

2 下の ひょうは，九九の ひょうの いちぶです。

	6	9	㋐	
	㋑	12	16	
	10	㋒	20	

(1) ㋐，㋑，㋒に あてはまる 数を 書きましょう。

㋐（　　　　）　㋑（　　　　）　㋒（　　　　）

(2) みどりの だんは 何の だんの かけ算の 答えでしょう。

（　　　　）のだん

テストに出るもんだい

答え ➡ べっさつ22ページ
時間20分

とく点 　点

1 右の ひょうは 九九の ひょうの いちぶです。

あ，い，う，え，おに あたる 数を 書きましょう。 ［6点ずつ…合計30点］

12	16	20	24	あ	32
15	20	25	30	35	40
18	24	30	36	い	48
う	え	35	42	49	56
24	32	40	お	56	64

あ〔　　　〕　い〔　　　〕

う〔　　　〕　え〔　　　〕

お〔　　　〕

2 答えが つぎの 数に なる 九九を 見つけましょう。

［10点ずつ…合計30点］

(1) 16〔　　　〕

(2) 24〔　　　〕

(3) 36〔　　　〕

3 あめを 70こ もって います。
友だち 8人に 8こずつ あげると，何こ のこるでしょう。 ［20点］

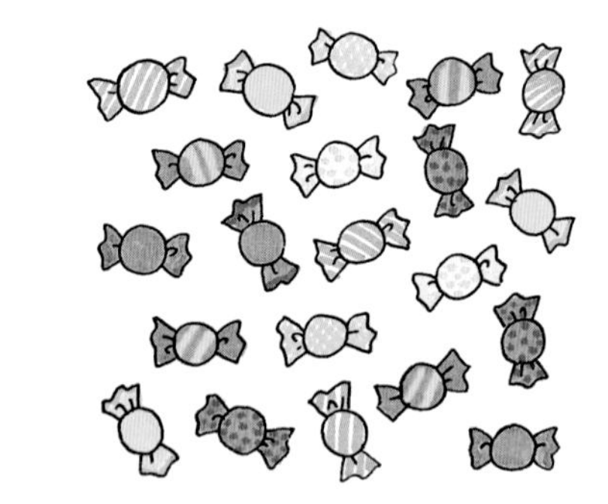

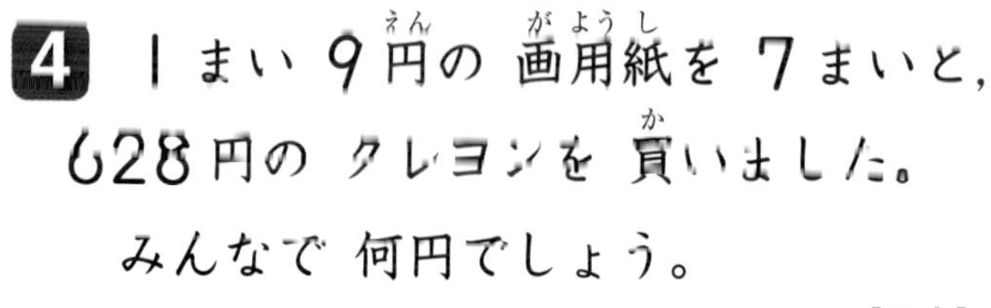

4 1まい 9円の 画用紙を 7まいと，628円の クレヨンを 買いました。

みんなで 何円でしょう。

［20点］

〔　　　〕

14 三角形と 四角形

学習のねらい

三角形や四角形は
どんな形なのかを学びます。

☆ 三角形と 四角形

● 3本の 直線で かこまれた 形を 三角形と いいます。

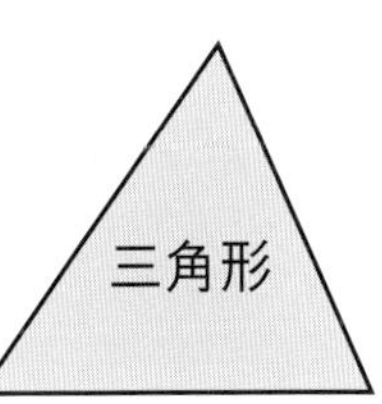

● 4本の 直線で かこまれた 形を 四角形と いいます。

☆ 直 角

● 三角じょうぎの ㋐，㋑のような かどの 形を 直角と いいます。

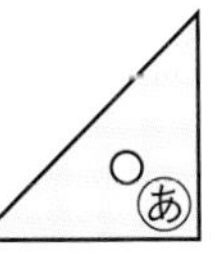

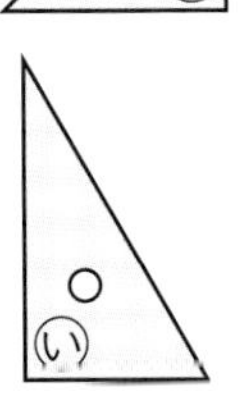

☆ 長方形，正方形と 直角三角形

● かどが みんな 直角に なって いる 四角形を 長方形と いいます。

長方形

● かどが みんな 直角で，へんの 長さが みんな 同じ 四角形を 正方形と いいます。

正方形

● 1つの かどが 直角に なって いる 三角形を 直角三角形と いいます。

直角三角形

三角形と　四角形

もとに なる ことがら　三角形と　四角形

三角形と　四角形を　しらべましょう。

❶ 三角形と　四角形の　ちょう点と　へんの　数

3本の　直線で　かこまれた　形を　**三角形**と　いいます。

4本の　直線で　かこまれた　形を　**四角形**と　いいます。

三角形や　四角形で，まわりの　直線を　へん，かどの　点を　ちょう点と　いいます。

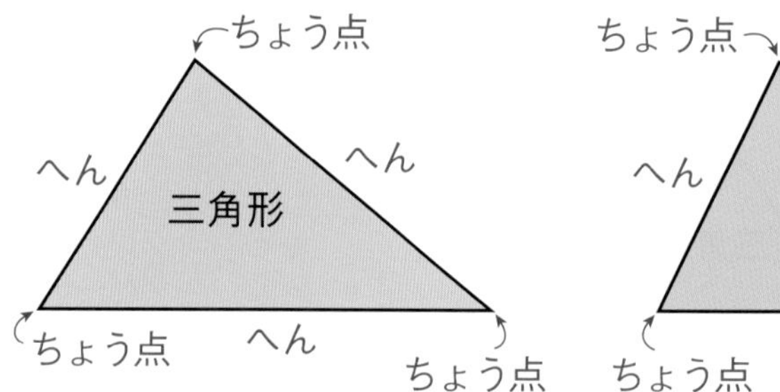

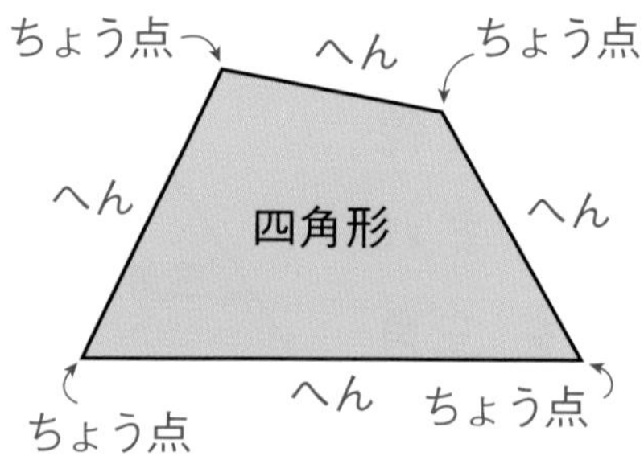

三角形の　ちょう点の　数は　3つ，へんの　数は　3本です。

四角形の　ちょう点の　数は　4つ，へんの　数は　□　本です。

（答え）4

❷ 三角形と　四角形

● 三角形と　四角形を　見つけましょう。

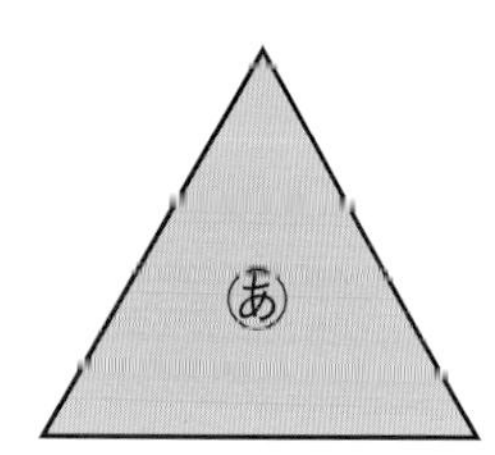

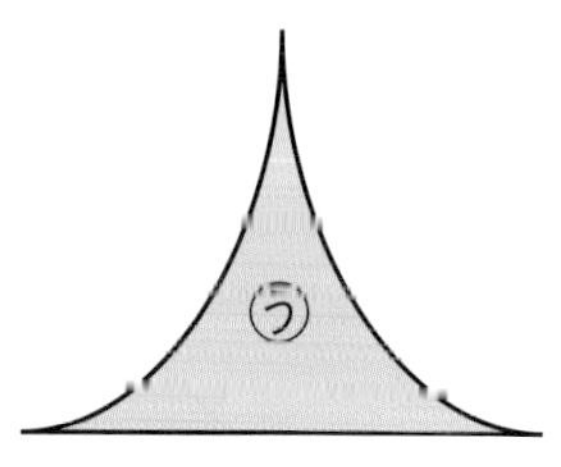

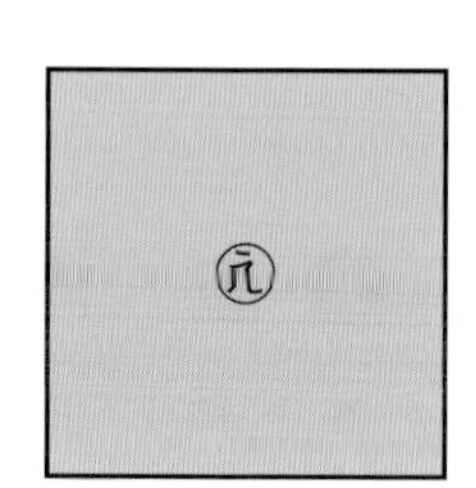

三角形は　㋐です。

四角形は　㋑，□　です。

三角形でも　四角形でも　ない　形は　㋒です。

（答え）㋓

教科書のドリル

答え → べっさつ23ページ

1 □に あてはまる ことばを 書きましょう。

(1) 3本の 直線で かこまれた 形を □と いいます。

(2) 4本の 直線で かこまれた 形を □と いいます。

(3) 三角形で，まわりの 直線を □，かどの 点を □と いいます。

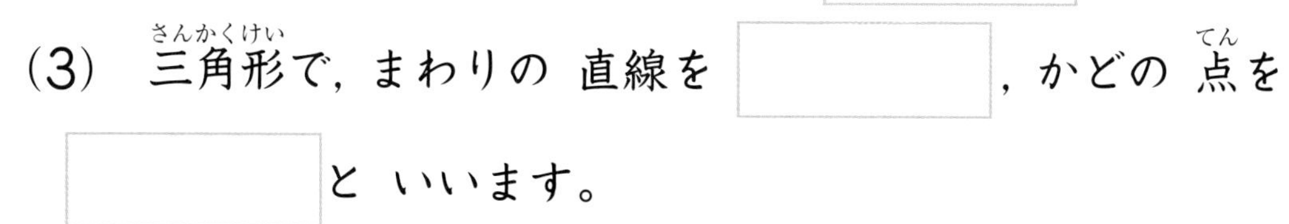

2 下の 三角形を 点線の ところで 切ると，どんな 形が いくつ できるでしょう。

(1)

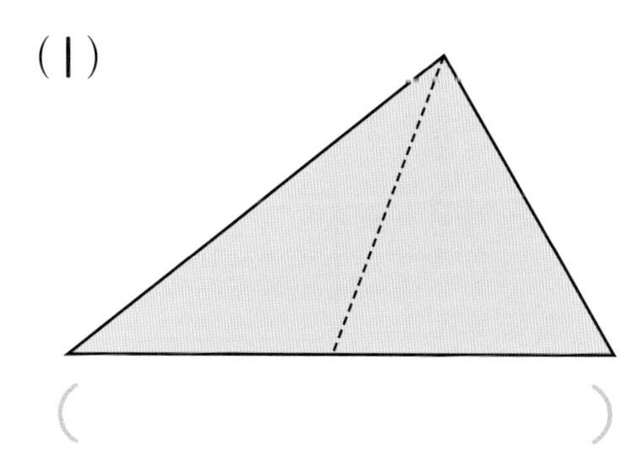

(　　　　　　　　)

(2)

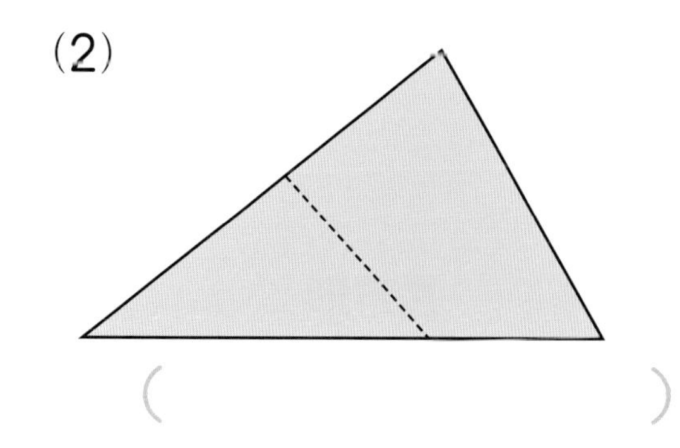

(　　　　　　　　)

3 (1) 下の ㋐，㋑，㋒の 3つの 点を つないで 三角形を かきましょう。

㋐● 　●㋒ 　㋑●

(2) 下の ㋓，㋔，㋕，㋖の 4つの 点を つないで 四角形を かきましょう。

㋓● 　●㋖ 　㋔● 　●㋕

2 長方形・正方形・直角三角形

もとに なる ことがら　長方形，正方形と 直角三角形

直角と 長方形，正方形，直角三角形を しらべましょう。

❶ 直　角

紙を 2つに おり，もう いちど おり目が かさなるように おりましょう。

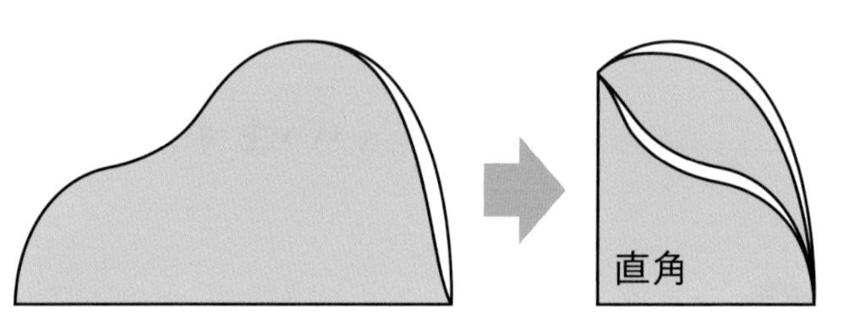

できた かどの 形は 直角です。

❷ 長方形，正方形，直角三角形

かどが みんな 直角に なって いる 四角形を 長方形と いいます。

長方形

長方形の むかい合った 2つの へんの 長さは 同じです。

正方形

かどが みんな 直角で，へんの 長さが みんな 同じ 四角形を 正方形と いいます。

直角三角形

|つの かどが 直角に なって いる 三角形を 直角三角形と いいます。

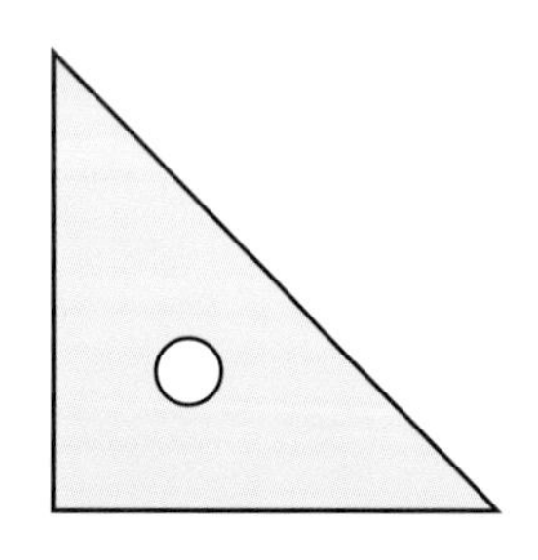

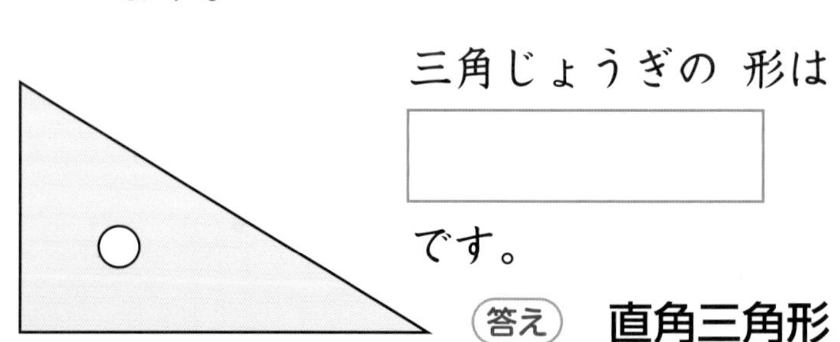

三角じょうぎの 形は [　　　　] です。

（答え） **直角三角形**

教科書のドリル

答え → べっさつ23ページ

1 □に あてはまる ことばを 書きましょう。

(1) かどが みんな 直角に なって いる 四角形を □ と いいます。

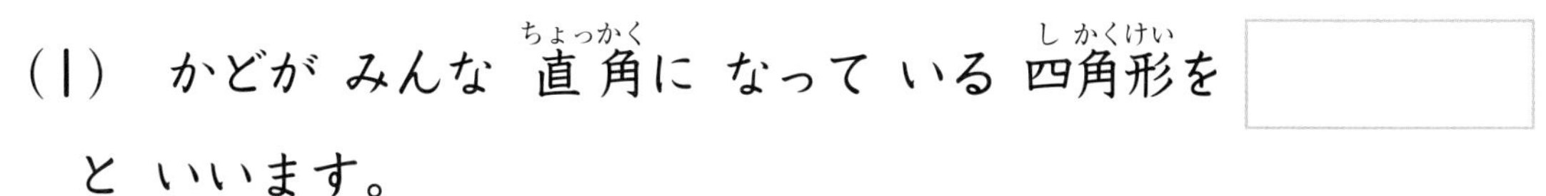

(2) かどが みんな 直角で，へんの 長さが みんな 同じ 四角形を □ と いいます。

(3) 1つの かどが 直角に なって いる 三角形を □ と いいます。

2 つぎの 形を 点線の ところで 切ると，どんな 形が いくつ できるでしょう。

(1) 長方形

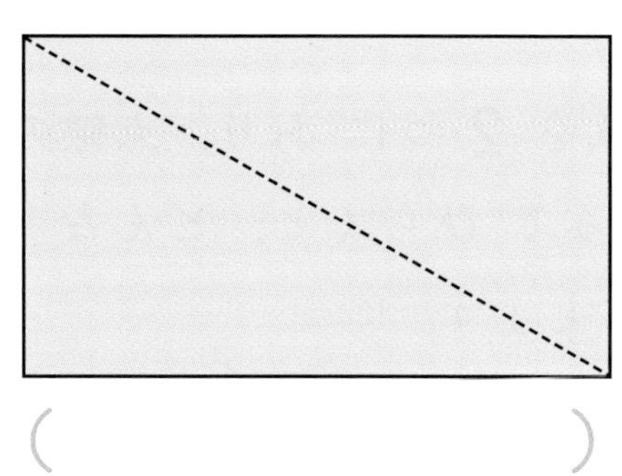

(　　　　　　)

(2) 正方形

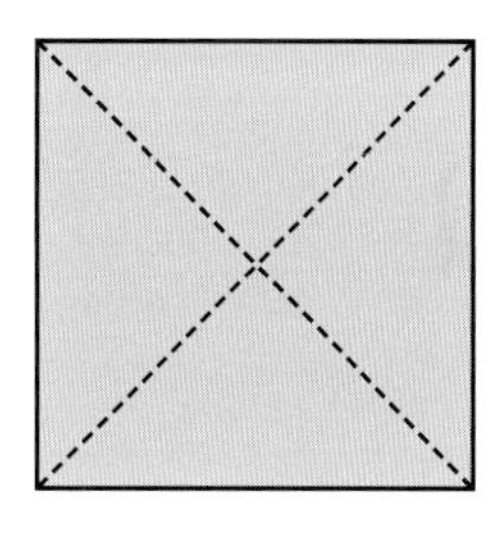

(　　　　　　)

3 三角じょうぎを つかって，あ，いの ところが 直角に なるように 線を ひきましょう。

(1)

(2)

テストに出るもんだい①

答え ➡ べっさつ24ページ
時間20分

1 三角形と 四角形を 見つけましょう。 [20点ずつ…合計40点]

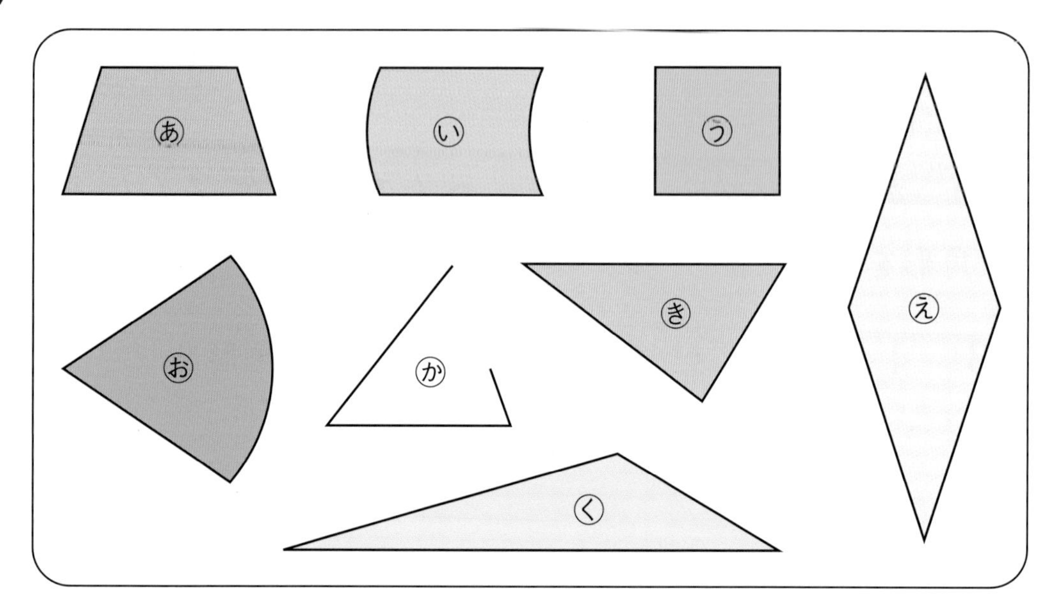

(1) 三角形は どれでしょう。 〔　　　　〕

(2) 四角形は どれでしょう。 〔　　　　〕

2 色紙を 2つに おり，点線の ところで 切って ひらくと，どんな 形が できるでしょう。[20点]

〔　　　　〕

3 紙を 切って，つぎの 形を つくります。
切る ところに 直線を ひきましょう。 [20点ずつ…合計40点]

(1) 三角形を 2つ

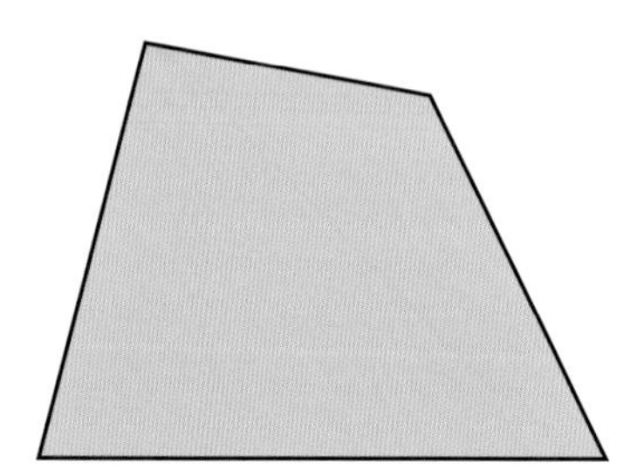

(2) 三角形と 四角形

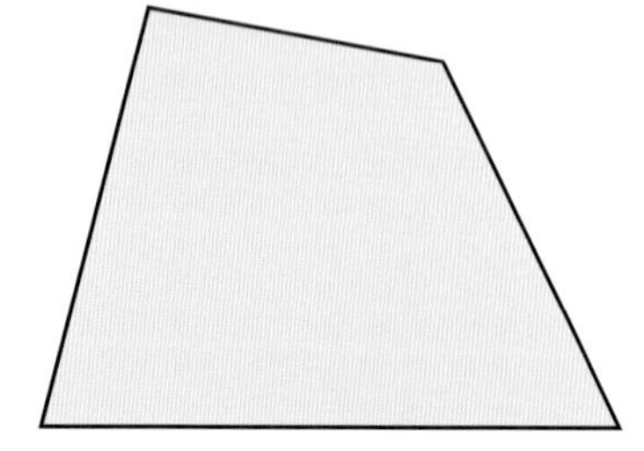

テストに出るもんだい②

答え ➡ べっさつ24ページ
時間20分

1 正方形，長方形，直角三角形を 見つけましょう。

［20点ずつ…合計60点］

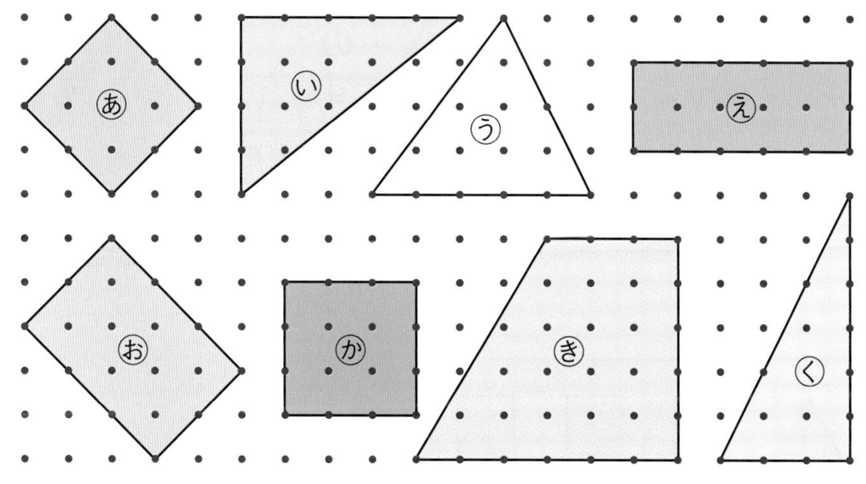

（1） 正方形は どれでしょう。　〔　　　　〕

（2） 長方形は どれでしょう。　〔　　　　〕

（3） 直角三角形は どれでしょう。　〔　　　　〕

2 方がん紙に，つぎの 形を かきましょう。［20点ずつ…合計40点］

（1） へんの 長さが 5cm の 正方形

（2） 直角に なる 2つの へんの 長さが 3cm と 6cm の 直角三角形

おもしろ算数

形(かたち)の めいろ

答(こた)え → 127ページ

スタートから △→□→▭→△…の じゅん番(ばん)に すすんで ゴールまで いきます。どのように すすんだら よいでしょう。線(せん)を ひきましょう。ななめに すすんでは いけません。

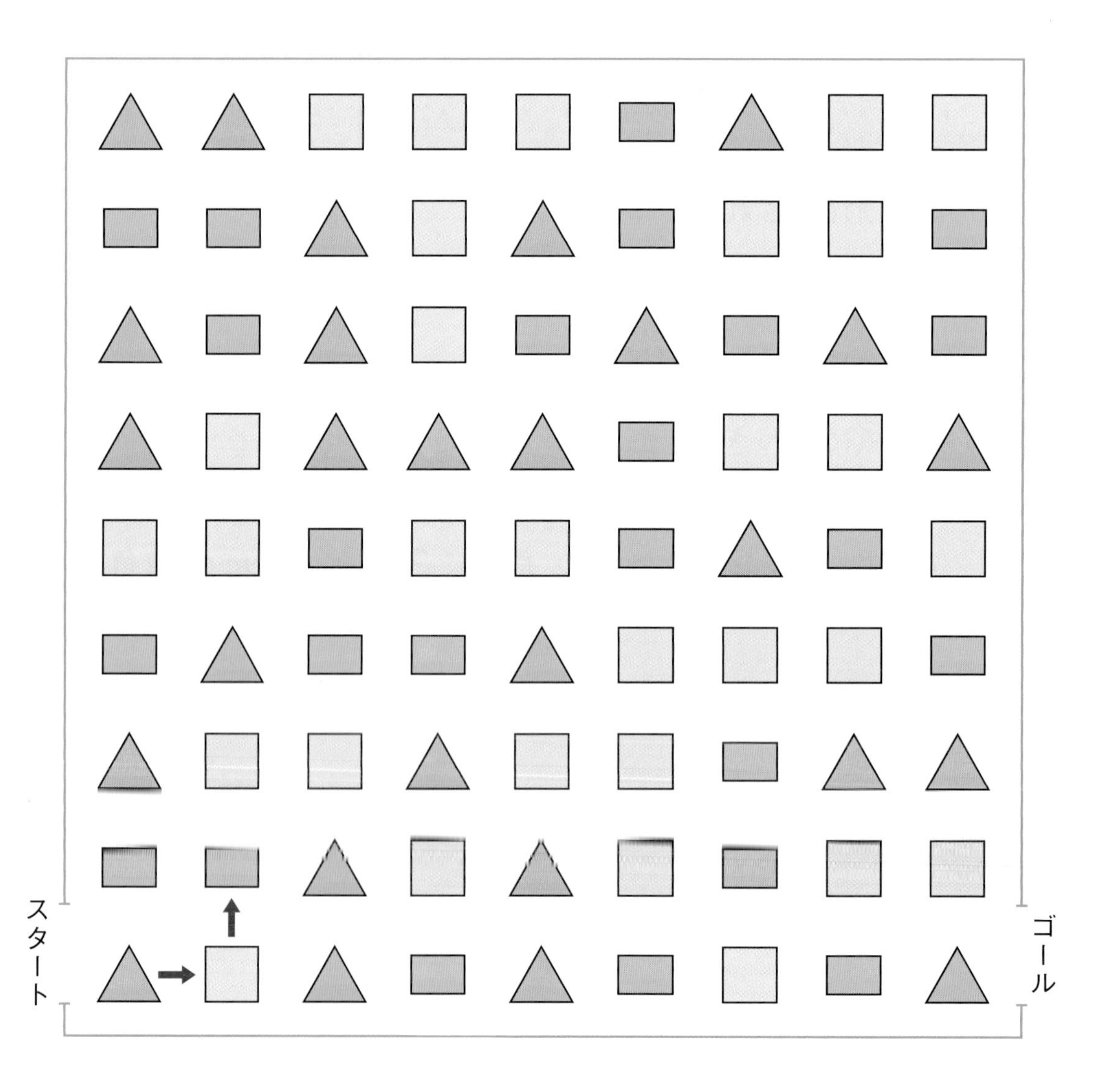

15 長さ(2)…m

学習のねらい

m(メートル)を使って，
長さを測ったり，長さの計算をします。

教科書のまとめ

長さの　たんい

◆ メートル

長い 長さを あらわす とき には m(メートル) を つかいます。

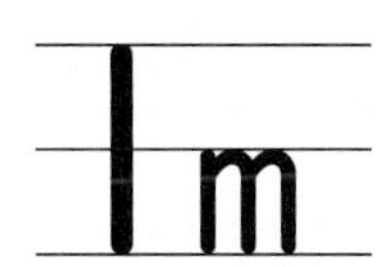

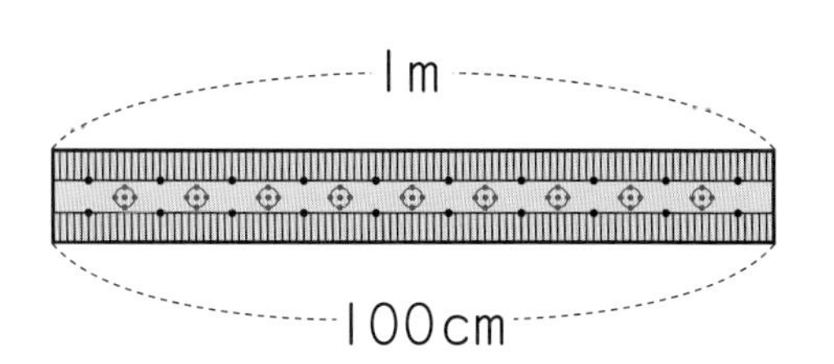

1m＝100cm

長さの 計算(けいさん)

◆ あわせた 長さ

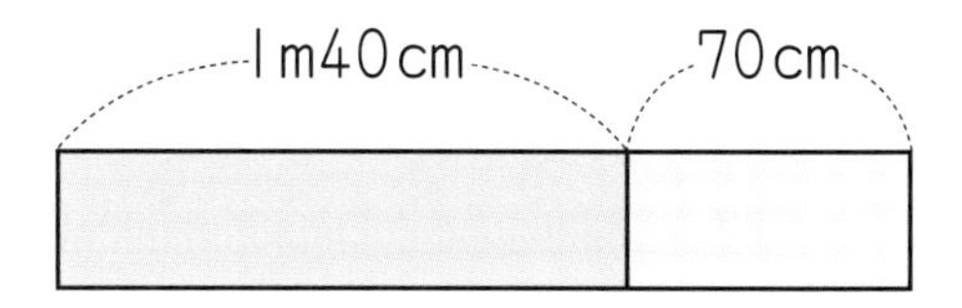

1m40cm＋70cm＝2m10cm

2m10cm

◆ のこりの 長さ

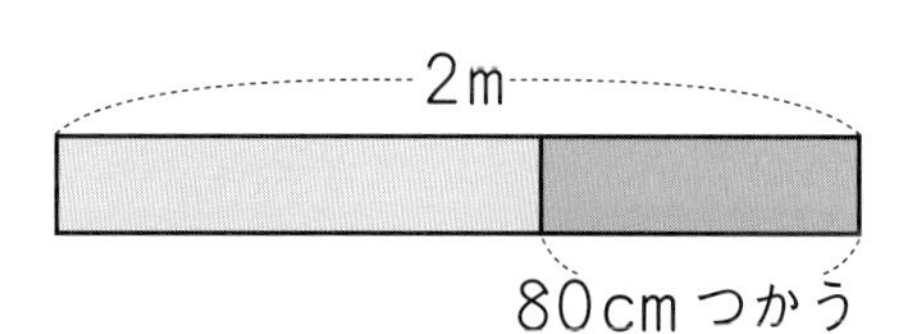

2m−80cm＝1m20cm

1m20cm

1 長 さ

もとに なる ことがら m（メートル）

長い 長さの あらわし方と，計算を 考えましょう。

❶ 長い 長さの あらわし方と たんい

● 長い 長さは 1mの ものさしで はかると べんりです。

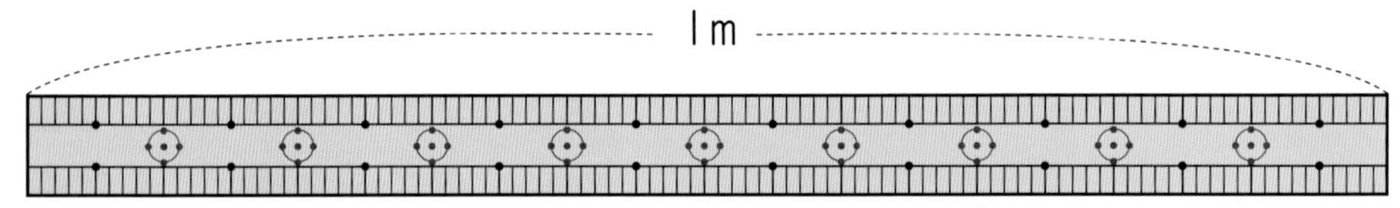

● 100cmを 1メートルと いい，1mと 書きます。

140cmは 1m40cmです。

1mは 100cm
なんだ。

❷ 長さの 計算

①2つの テープを あわせた 長さは どれだけでしょう。

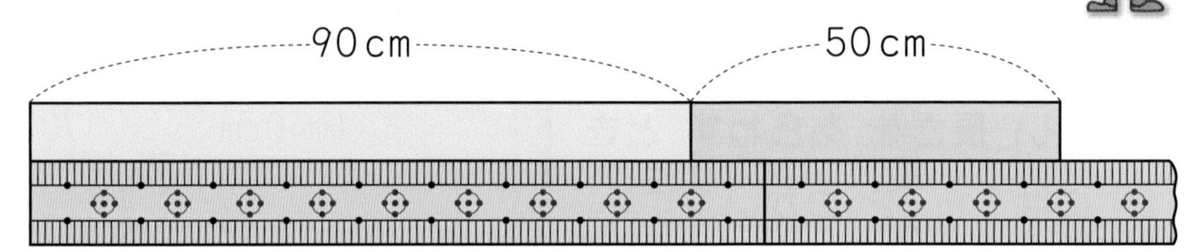

● 90cm＋50cm＝1m40cm　　（答え）1m40cm

②2つの テープの 長さの ちがいは どれだけでしょう。

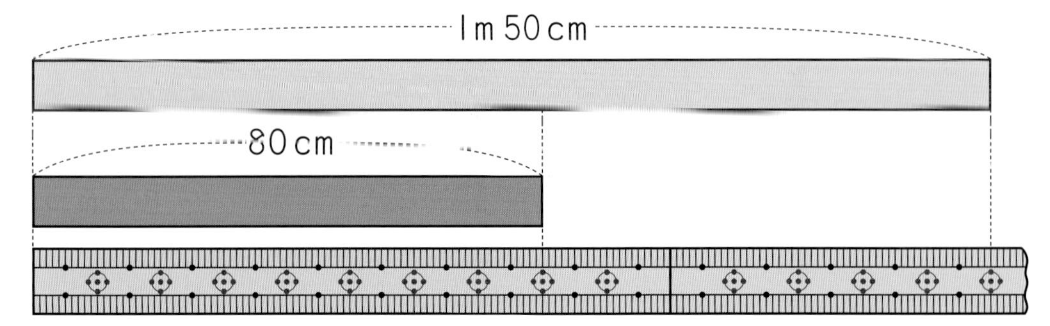

● 1m50cm－80cm＝70cm　　（答え）70cm

教科書のドリル

答え → べっさつ24ページ

1 1mの ものさしで ひもの 長さを はかりました。
ひもの 長さは 何m何cmでしょう。

（　　　　）

2 □に あてはまる 数を 書きましょう。

(1) 3m＝□cm　　(2) 200cm＝□m

(3) 130cm＝□m□cm

(4) 1m50cm＝□cm

3 長さの 計算を しましょう。

(1) 3m＋5m　　(2) 1m40cm＋30cm

(3) 6m－2m　　(4) 1m－60cm

4 まどかさんの しん長は 1m24cmです。
まどかさんが 高さ 30cmの 台に のぼります。
高さは ぜんぶで 何m何cmに なるでしょう。

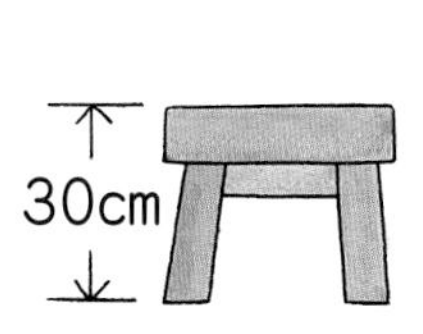

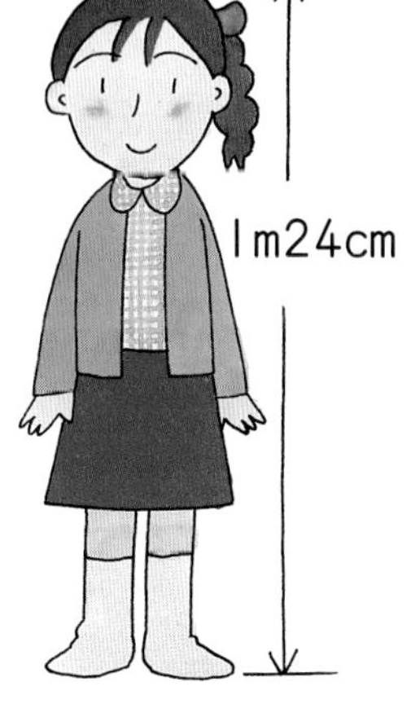

（　　　　）

テストに出るもんだい①

答え → べっさつ25ページ
時間20分

1 いろいろな ものを はかりました。
□に あてはまる たんいを 書きましょう。 [5点ずつ…合計20点]

(1) なわとびの なわの 長さ　　2 

(2) 教科書の あつさ　　5 

(3) プールの 長さ　　25 

(4) 教室の つくえの 高さ　　60 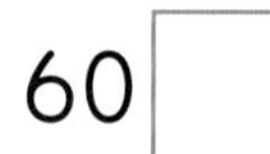

2 □に あてはまる 数を 書きましょう。 [5点ずつ…合計20点]

(1) 1m32cm=□cm　　(2) 180cm=□m□cm

(3) 1m5cm=□cm　　(4) 107cm=□m□cm

3 長さの 計算を しましょう。 [10点ずつ…合計40点]

(1) 1m40cm+2m　　(2) 2m60cm+30cm

(3) 5m20cm−4m　　(4) 1m90cm−30cm

4 教室の 入り口の 戸の 長さを はかったら，たてが 1m80cm，よこが 90cm ありました。
たては，よこより 何cm 長いでしょう。 [20点]
〔　　　　　〕

テストに出るもんだい②

答え → べっさつ26ページ
時間20分

1 左と 右を くらべて，長いほうを ○で かこみましょう。

［5点ずつ…合計20点］

(1) 4m80cm，5m　　(2) 670cm，6m7cm

(3) 510cm，5m9cm　　(4) 3m2cm，230cm

2 長さの 計算を しましょう。 ［10点ずつ…合計20点］

(1) 3m40cm＋2m　　(2) 4m50cm－30cm

3 わかざりを 作って います。きのう 80cm，今日 1m10cm 作りました。

あわせて 何m何cmに なったでしょう。 ［20点］

〔　　　　　　〕

4 立ちはばとびを しました。えりさんは 1m30cm，まきさんは 90cm とびました。

えりさんの とんだ 長さは，まきさんより 何cm 長いでしょう。 ［20点］

〔　　　　　　〕

5 ひろきさんの 家から 学校まで 何m あるでしょう。 ［20点］

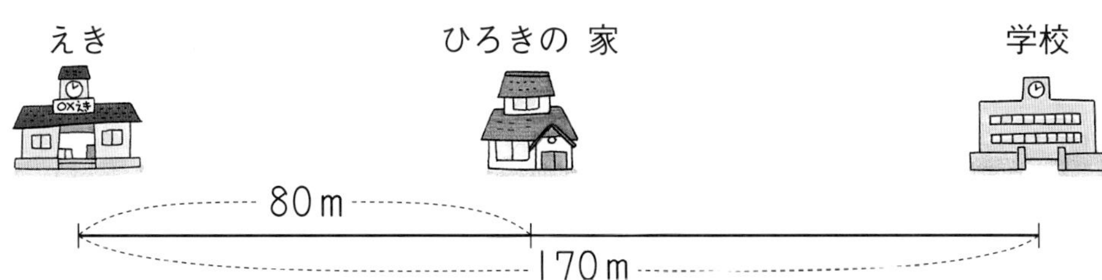

〔　　　　　　〕

おもしろ算数

どれが 近い？

答え → 127ページ

長さが いちばん 近いと 思うもの に ⬭ を つけましょう。

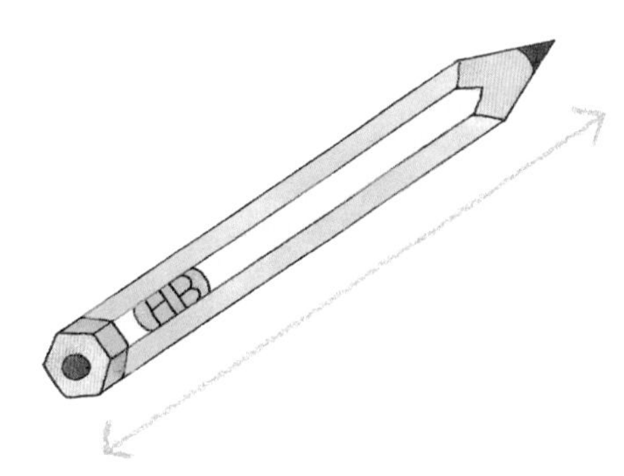

えんぴつの 長さ

15mm	15cm	150cm

めがねの はば

1cm2mm	12cm	1m20cm

ランドセルの 高さ

30cm	3m	30m

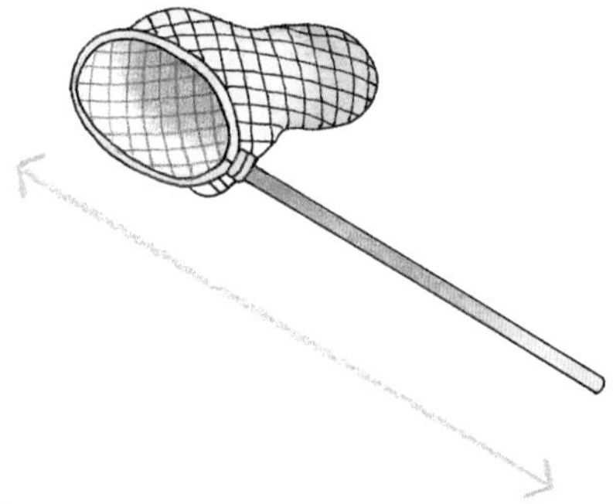

虫とりあみの 長さ

1cm	10cm	1m

学校の ろうかの はば

3mm　　30cm　　3m

16 10000までの 数

学習のねらい

10000までの数の
しくみと表し方を勉強します。

教科書のまとめ

☆ 数の あらわし方

二千 三百 五十 四
2 3 5 4

千のくらい　百のくらい　十のくらい　一のくらい

2354は
1000を 2つ
100を 3つ
10を 5つ
1を 4つ
あわせた 数
です。

◆1000を 10こ あつめた
数を 一万と いい，
10000と 書きます。

0 1000 2000 3000 4000 5000 6000 7000 8000 9000 10000

☆ 100を あつめて

◆100を 23こ あつめた 数

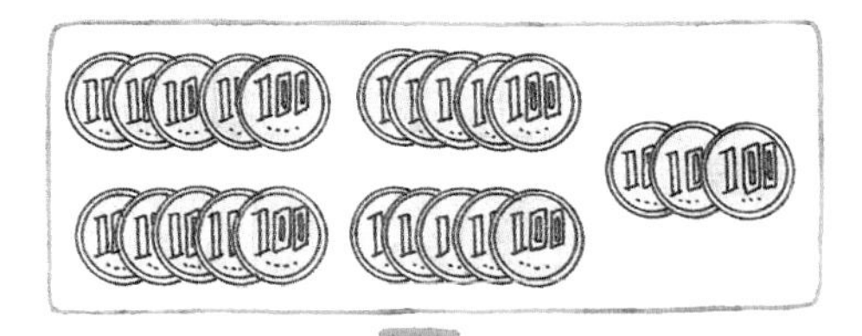

100が 20こで 2000
100が 3こで 300

2300

10000までの 数

もとに なる ことがら 10000までの 数

大きい 数の あらわし方と，計算を 考えましょう。

❶ 1000より 大きい 数の あらわし方

● 2435は，どんな 数なのか 考えてみましょう。

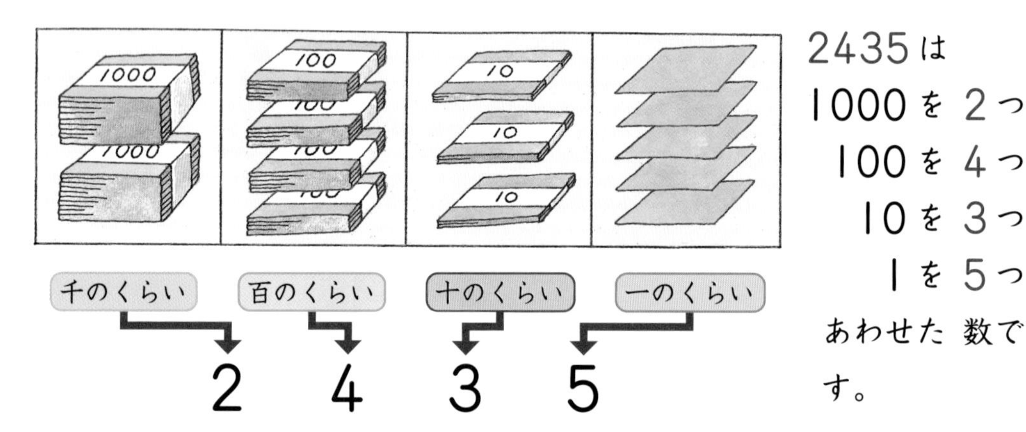

2435は
1000を 2つ
100を 4つ
10を 3つ
1を 5つ
あわせた 数です。

❷ 10000の あらわし方

● 下の 図で，紙は 何まい あるでしょう。

1000を 10こ あつめた 数は [　　　] です。

（答え） 10000

1000を 10こ あつめた 数を 一万と いい，10000と 書きます。

教科書のドリル

答え → べっさつ26ページ

1 数字で 書きましょう。

(1) 三千九百五十八　(　　)

(2) 千六百十三　(　　)

(3) 七千六十九　(　　)

(4) 四千九百　(　　)

(5) 五千二百一　(　　)

(6) 六千二　(　　)

2 紙は 何まい あるでしょう。
数字で 書きましょう。

(　　)

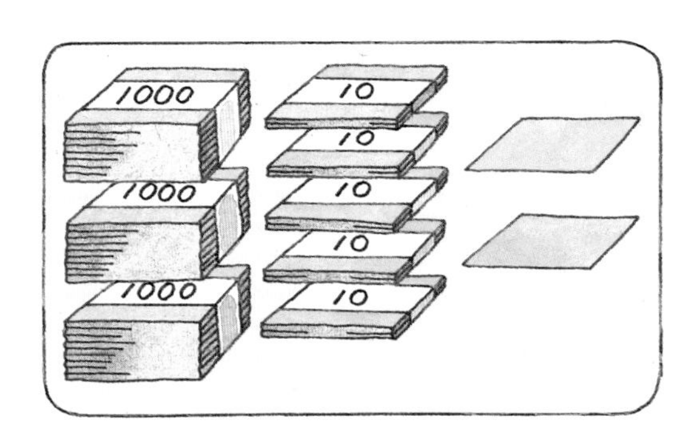

3 つぎの 数を 書きましょう。

(1) 1000 を 6 つ, 100 を 7 つ, 10 を 9 つ, 1 を 3 つ あわせた 数　(　　)

(2) 1000 を 4 つ, 10 を 5 つ, 1 を 8 つ あわせた 数　(　　)

(3) 100 を 36 こ あつめた 数　(　　)

(4) 1000 を 10 こ あつめた 数　(　　)

4 6000 は 1000 を 何こ あつめた 数でしょう。

(　　)

テストに出るもんだい

答え → べっさつ27ページ
時間20分

とく点 点

1 数字で 書きましょう。 [7点ずつ…合計28点]

(1) 五千六百八 〔　　　〕　(2) 三千六 〔　　　〕

(3) 四千九十 〔　　　〕　(4) 七千五百 〔　　　〕

2 □に あてはまる 数は 何でしょう。 [6点ずつ…合計24点]

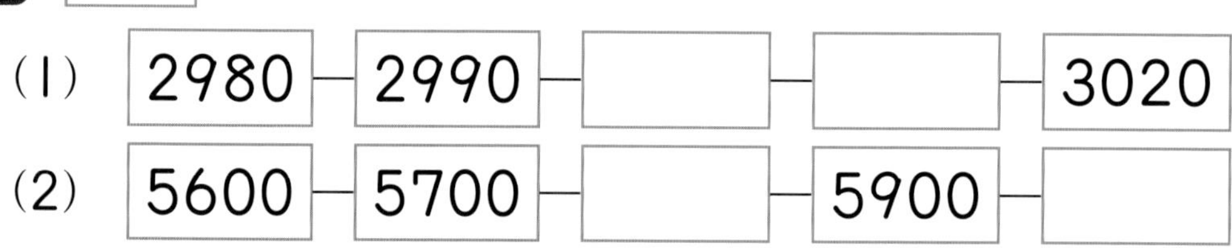

3 つぎの 数を 書きましょう。 [6点ずつ…合計30点]

(1) 100を 15こ あつめた 数 〔　　　〕

(2) 100を 23こ あつめた 数 〔　　　〕

(3) 1000を 8こ あつめた 数 〔　　　〕

(4) 2000と 300と 40と 5を あわせた 数 〔　　　〕

(5) 8000と 700と 5を あわせた 数 〔　　　〕

4 ㋐, ㋑, ㋒に あたる 数を 書きましょう。 [6点ずつ…合計18点]

0　1000　2000　3000　4000　5000　6000　7000

㋐　㋑　㋒

〔　　　〕〔　　　〕〔　　　〕

17 もんだいの 考え方 (1)

学習のねらい

たし算やひき算を用いて
文章題を解く力を，身につけます。

☆ はじめの 数

子どもが あそんで いました。5 人 帰ったので，7 人に なりました。
何人 いたのでしょう。

のこり 7人　帰った 5人

はじめ □ 人

$7+5=12$　　12人

☆ ふえた 数

子どもが 12 人 あそんで いました。何人か 来たので，20 人に なりました。
何人 来たのでしょう。

はじめ 12人　□人 きた

20人

$20-12=8$

8人

たし算か ひき算か？

もとに なる ことがら たし算と ひき算の 見分けかた

図(ず)を かいて 考(かんが)えましょう。

❶ はじめの 数(かず) ①

● キャンディーを 4こ もらったので，
11こに なりました。
はじめに 何(なん)こ あったでしょう。

はじめ □こ　　4こ

11こ

11－4＝7

❷ はじめの 数 ②

● 子(こ)どもが あそんで いました。
そのうち，6人が 帰(かえ)ったので，
7人に なりました。
はじめに 何人 いたのでしょう。

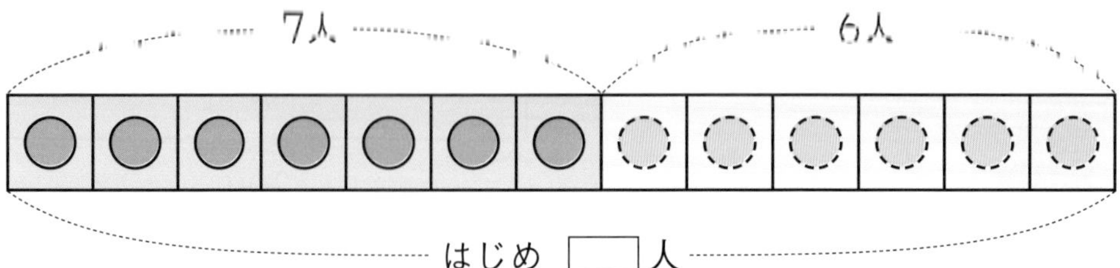

7＋6＝13

答え　13人

❸ へった 数

● みかんが 12こ ありました。いくつか 食べたので，8こに なりました。いくつ 食べたのでしょう。

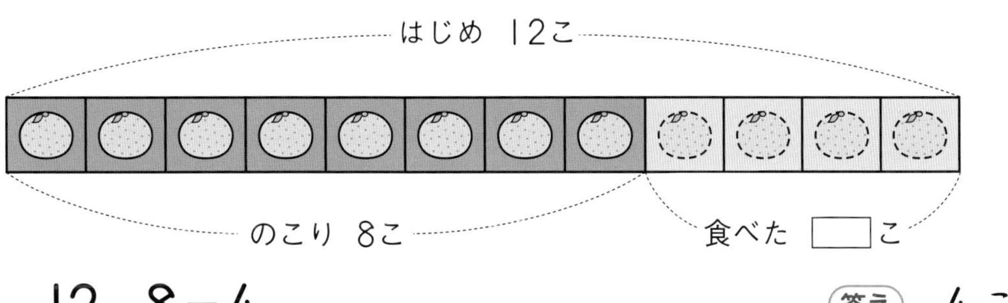

$12-8=4$　　　　(答え) 4こ

❹ ふえた 数

● きのう，ゆいかさんの 家の にわとりは たまごを 7こ うみました。今日，また うんだので，15こに なりました。
今日は 何こ うんだのでしょう。

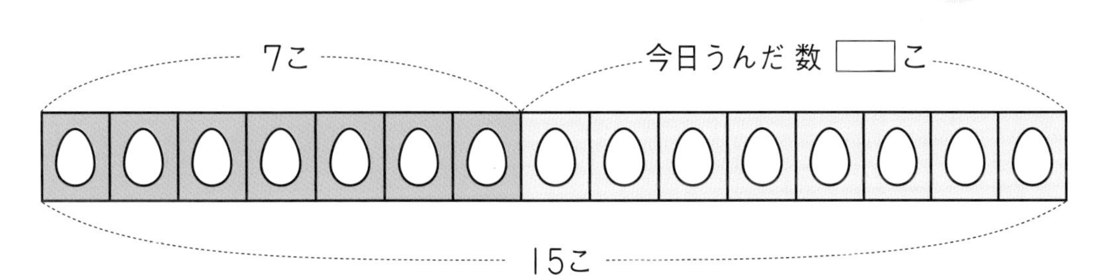

$15-7=8$　　　　(答え) 8こ

教科書のドリル

答え → べっさつ27ページ

1 花だんの 花を 8本 とったら，のこりが 17本に なりました。
はじめは 何本 あったのでしょう。

（　　　　）

のこり 17本　　とった 8本

はじめ □本

2 金魚が 池に 12ひき いました。
そこへ 何びきか 入れたので，18ひきに なりました。
後から 何びき 入れたのでしょう。

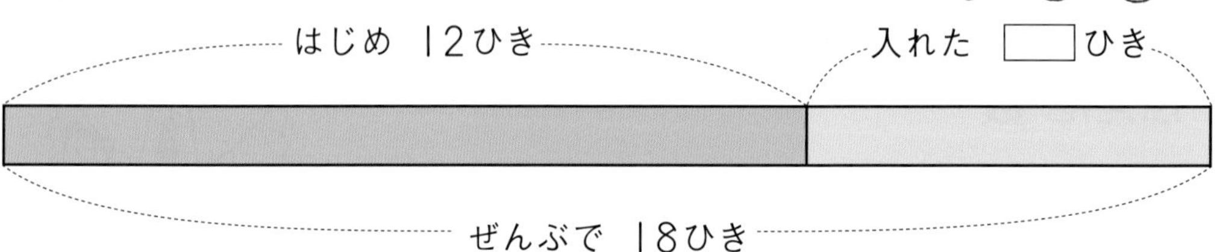

（　　　　）

3 ケーキが 24こ ありました。子ども会で みんなに くばったら 5こ のこりました。何この ケーキを くばったのでしょう。

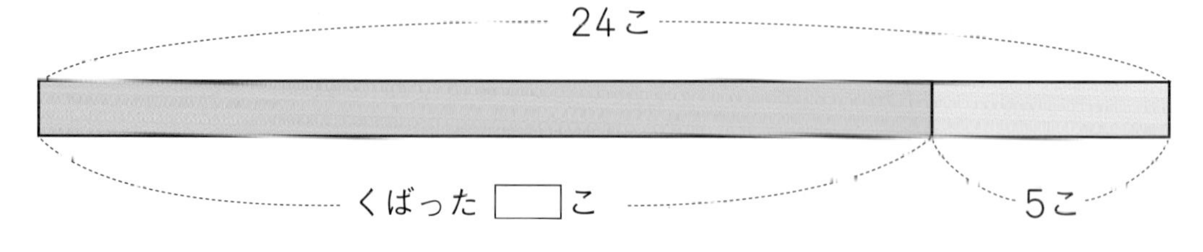

（　　　　）

4 色紙を 15まい もらったので，28まいに なりました。
はじめに 何まい あったのでしょう。（　　　　）

テストに出るもんだい

答え → べっさつ28ページ
時間20分

1 ザリガニとりに 行きました。8ひき とって きたので，前から いたのと あわせて 20ぴきに なりました。

はじめに 何びき いたのでしょう。 [25点]

はじめ □ ひき　　8ひき

20ぴき

〔　　　　〕

2 子ども会で ケーキを 24こ くばりました。まだ，12こ のこって います。

ケーキは 何こ あったのでしょう。 [25点]

〔　　　　〕

3 けんとさんは 金魚を 31ぴき かって いました。友だちに 何びきか あげたので 12ひきに なりました。

何びき あげたのでしょう。 [25点]

〔　　　　〕

4 朝顔の めが 出ました。このあいだ はかった ときは 8cm でした。今日は 24cmに なって いました。

何cm のびたのでしょう。 [25点]

〔　　　　〕

おもしろ算数

じゅん番

答え → 127ページ

18 もんだいの 考え方 (2)

学習のねらい

たし算やひき算を用いて
文章題を解く力を，身につけます。

★ 2つの 図で 考える

● **多い・少ない**

赤い 色紙が 14まい あります。

赤い 色紙は，青いのより 5まい 多いそうです。

青い 色紙は 何まい あるでしょう。

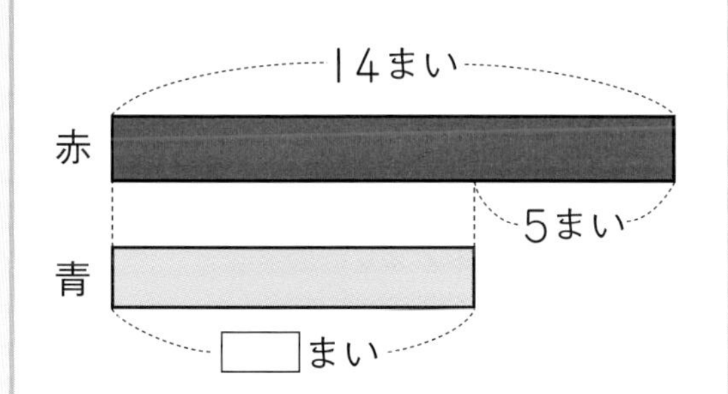

14−5=9　　9まい

● **長い・みじかい**

赤い テープの 長さは 40cm で，青い テープより 20cm みじかいそうです。

青い テープは 何 cm でしょう。

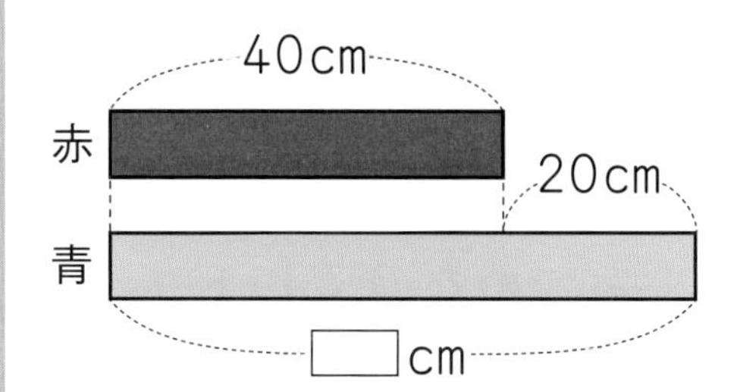

40+20=60

60cm

◆たし算か？ ひき算か？

図を 2つ かいて しらべよう。

たし算か ひき算か？

もとに なる ことがら　もんだいの ときかた

図を かいて 考えましょう。

❶ 多い・少ない ①

●けんとさんは 35回 なわとびを とびました。りささんは けんとさんより 15回 多く とびました。
りささんは 何回 とんだでしょう。

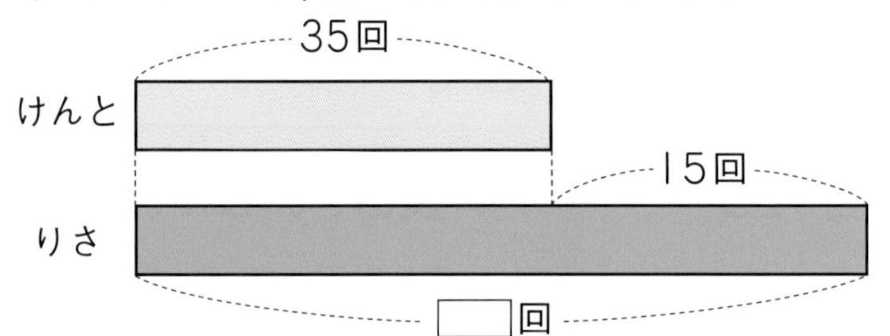

35＋15＝50　　(答え) 50回

❷ 多い・少ない ②

●りょうさんは シールを 8まい あつめましたが，たくとさんより まだ 12まい 少ないそうです。
たくとさんは シールを 何まい あつめたのでしょう。

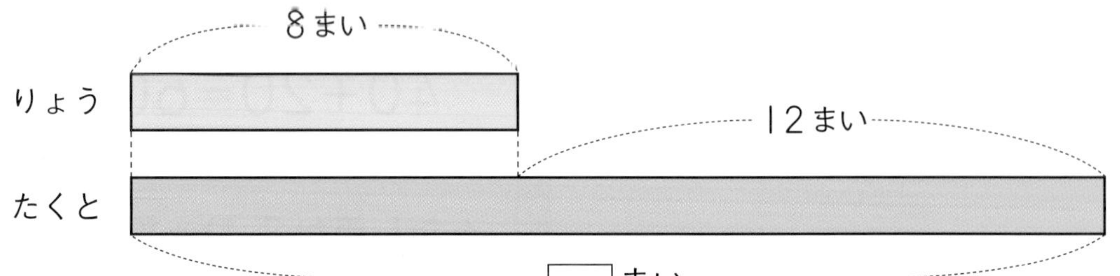

8＋12＝20　　(答え) 20まい

❸ 長(なが)い・みじかい

●あすかさんの もっている テープの 長さは 75cm で，かえでさんの もっている テープより 15cm 長いそうです。かえでさんの テープの 長さは 何(なん)cm でしょう。

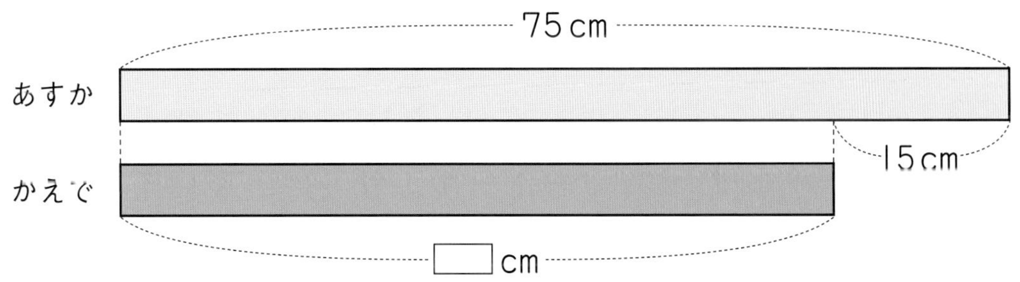

75－15＝60　　答え　60cm

❹ 高(たか)い・やすい

●けしゴムは 70円です。
けしゴムは，えんぴつより 20円 高いそうです。
えんぴつは 何円でしょう。

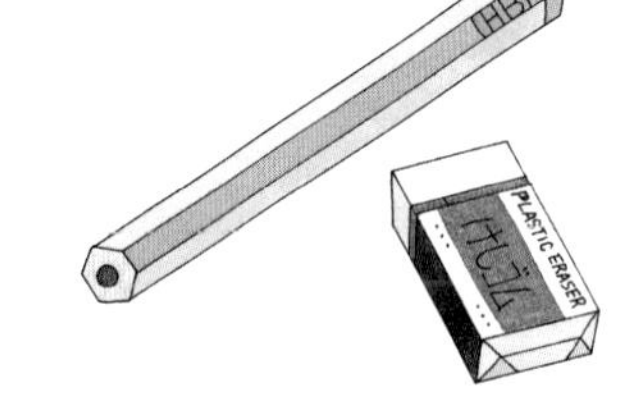

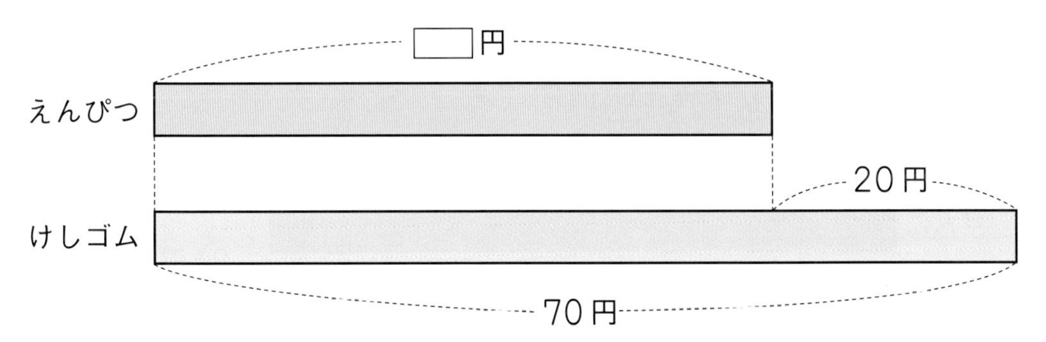

70－20＝50　　答え　50円

教科書のドリル

答え → べっさつ29ページ

1 みどりの テープの 長さは 80cm で，黄色の テープより 15cm 長いそうです。

黄色の テープの 長さは 何cm でしょう。

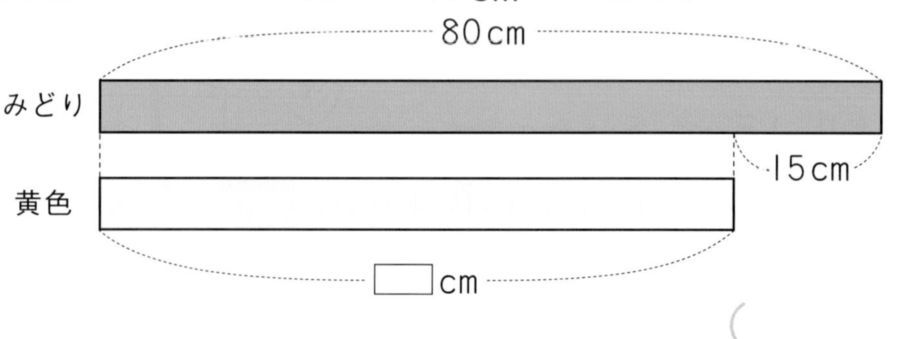

（　　　　）

2 学校には，バレーボールが 30こ あります。バレーボールは サッカーボールより 8こ 多いそうです。

サッカーボールは 何こ あるでしょう。

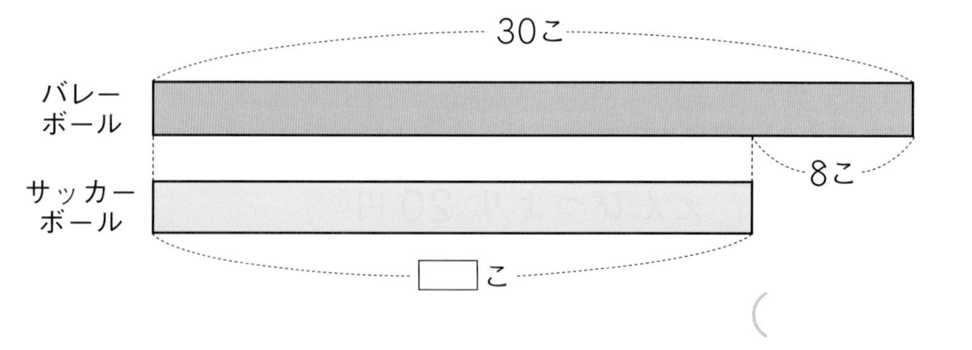

（　　　　）

3 りんごは 1こ 100円です。りんごは ももよりも 24円 やすいそうです。ももは 何円でしょう。　（　　　　）

100円
りんご
24円
もも
□円

テストに出るもんだい

答え → べっさつ29ページ
時間20分

1 男の子が 14人 います。
男の子は，女の子より 4人 少ないそうです。
女の子は 何人 いるでしょう。 [25点]

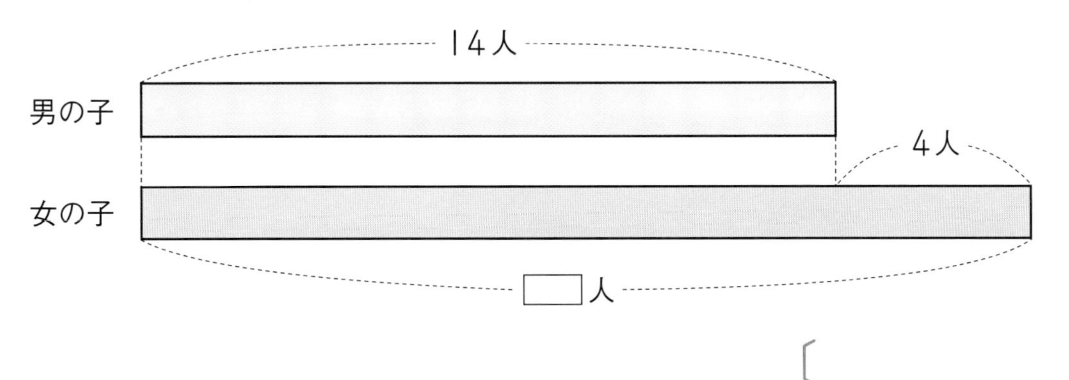

〔　　　　　　〕

2 ひろのりさんは 96円 つかいました。これは 弟の つかった お金より 17円 多いそうです。
弟は，何円 つかったのでしょう。 [25点]

〔　　　　　　〕

3 みかんは 1こ 25円で，りんごより 95円 やすいそうです。
りんごは 何円でしょう。 [25点]

〔　　　　　　〕

4 お兄さんの しん長は 1m31cm で，まさとさんより 12cm 高いそうです。
まさとさんの しん長は 何m何cm でしょう。 [25点]

〔　　　　　　〕

おもしろ算数 ふしぎな ゆめ

19 はこの 形

学習のねらい

身近な立体図形として
箱の形を学びます。

☆ はこの 形

- たいらな ところを 面と いいます。
- へりを へんと いいます。
- かどの とがった ところを ちょう点と いいます。

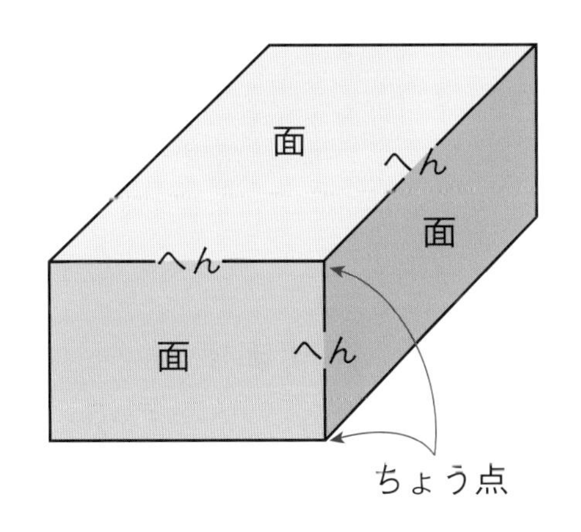

☆ はこづくり

- ひらいた 図を 組み立てると，はこが できます。

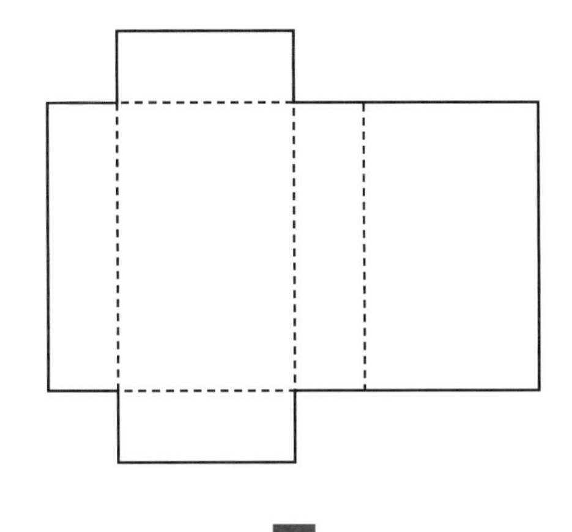

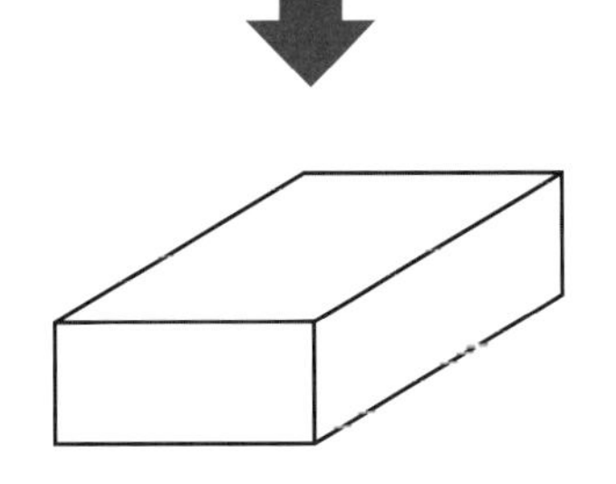

1 はこの 形

もとに なる ことがら　はこの 形を しらべる

はこの 形を しらべましょう。

❶ 面，へん，ちょう点の 数しらべ

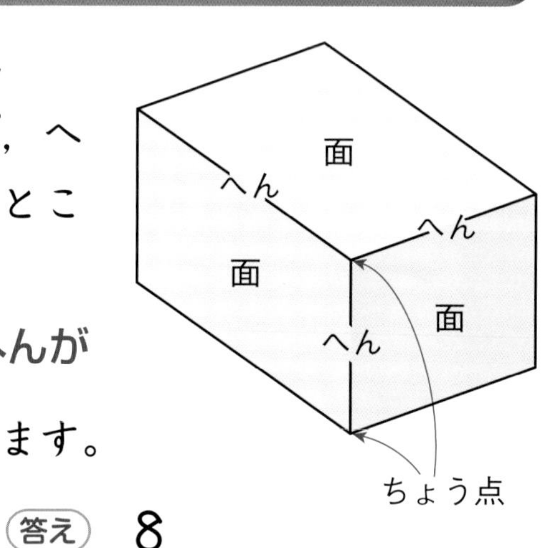

● はこの たいらな ところを 面，へりを へん，かどの とがった ところを ちょう点と いいます。

● はこの 形には，面が 6つ，へんが 12，ちょう点が □つ あります。

答え　8

❷ ひらいた 図

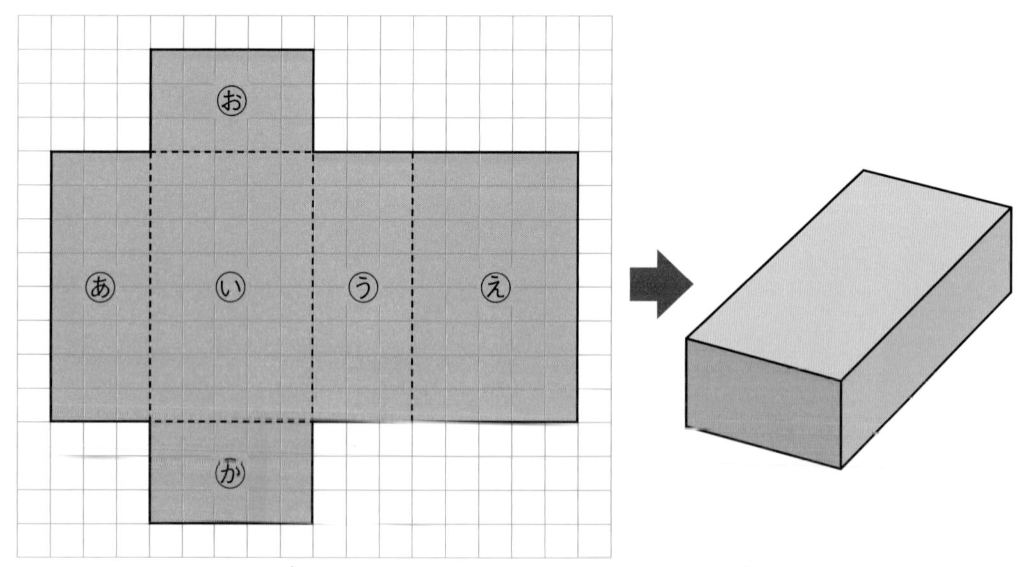

ひらいた 図を 組み立てて，はこの 形を 作ります。

● 組み立てた ときに むかい合う 面は，あと う，いと え，おと □ です。

答え　か

教科書のドリル

答え → べっさつ30ページ

1 [　　　] に，面，へん，ちょう点の ことばを 書きましょう。

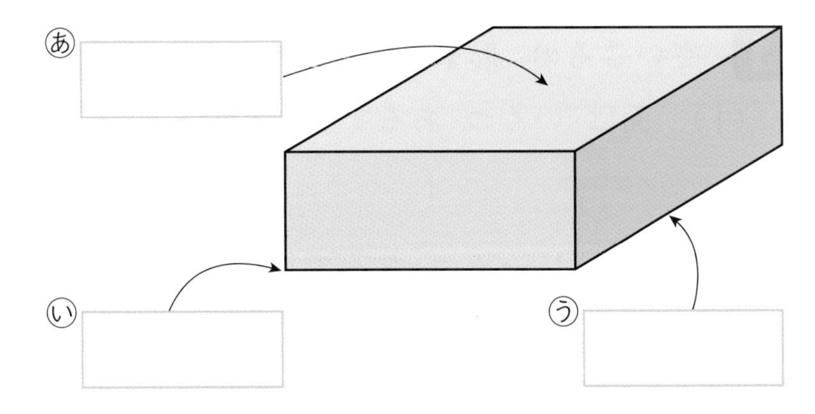

2 ひごと ねん土の 玉を つかって，はこの 形を 作りました。

(1) どんな 長さの ひごが 何本ずつ いるでしょう。

(　　　　　　　　)

(2) ねん土の 玉は いくつ いるでしょう。

(　　　　)

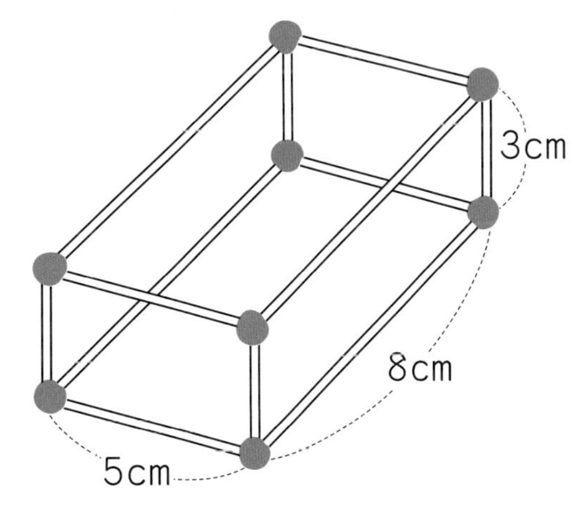

3 ひらいた 図を 組み立てて はこを 作ると，あ，い，う，えの どの はこが できるでしょう。

(　　　　)

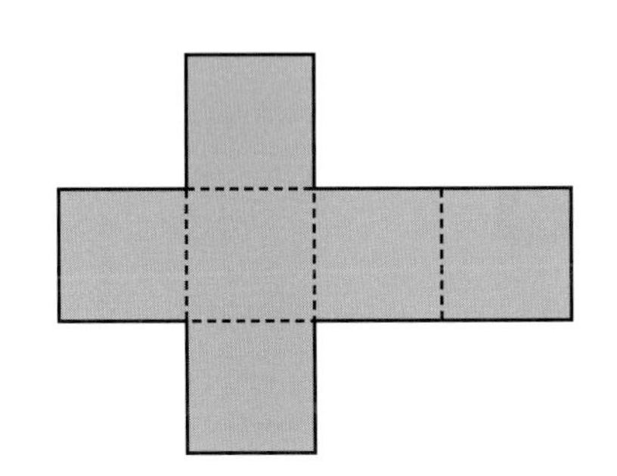

あ
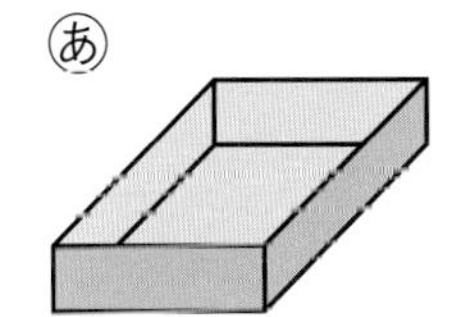

い

う
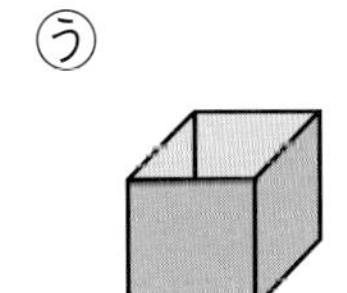

え
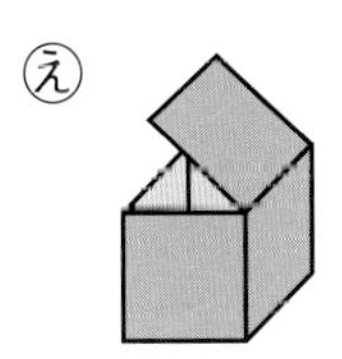

テストに出るもんだい①

答え → べっさつ30ページ
時間20分

1 さいころの 形を した はこが あります。［10点ずつ…合計30点］

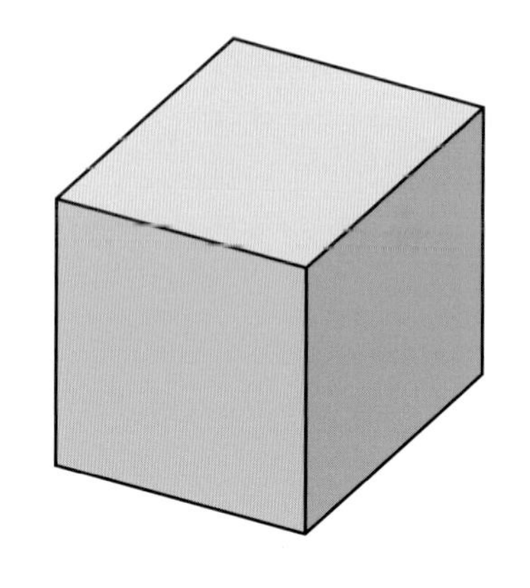

(1) 面は いくつ あるでしょう。

〔　　　　　〕

(2) へんは いくつ あるでしょう。

〔　　　　　〕

(3) ちょう点は いくつ あるでしょう。

〔　　　　　〕

2 あつ紙で 右のような はこを 作ります。

下の あ，い，う，え，おの どの形の あつ紙が 何まい いるでしょう。［30点］

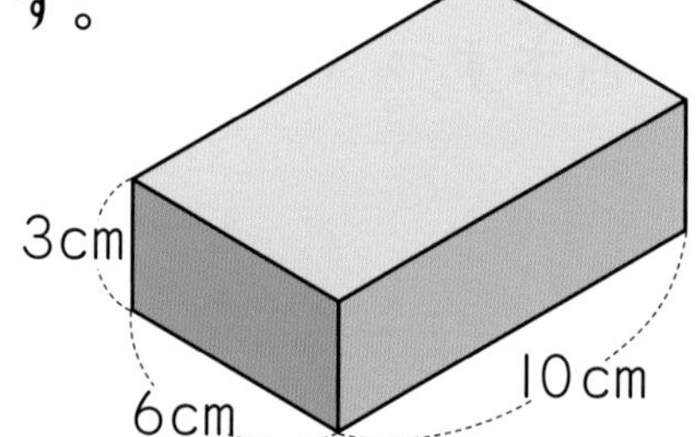

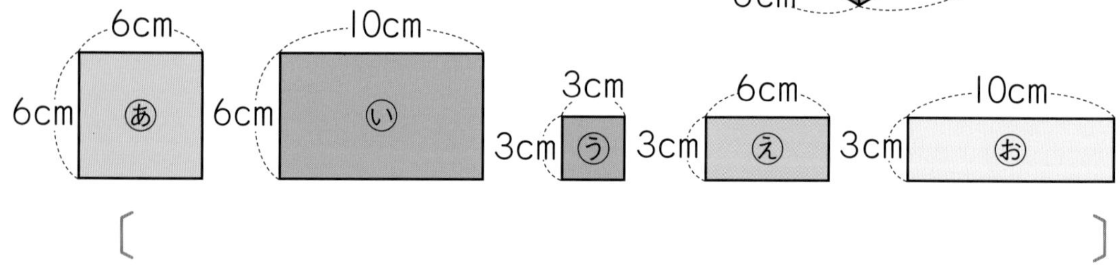

〔　　　　　〕

3 ひごと ねん土の 玉で はこの 形を 作っています。［20点ずつ…合計40点］

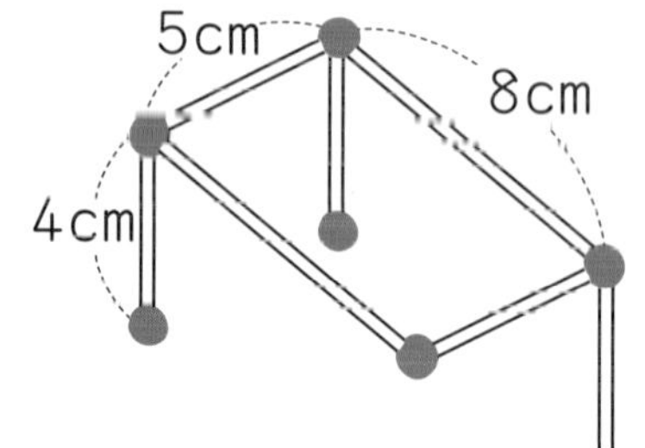

(1) ねん土の 玉が，あと 何こ いるでしょう。

〔　　　　　〕

(2) 何cmの ひごが，あと 何本 いるでしょう。

〔　　　　　〕

テストに出るもんだい②

答え → べっさつ31ページ
時間20分

1 方がん紙で さいころを 作ります。［20点ずつ…合計 60点］

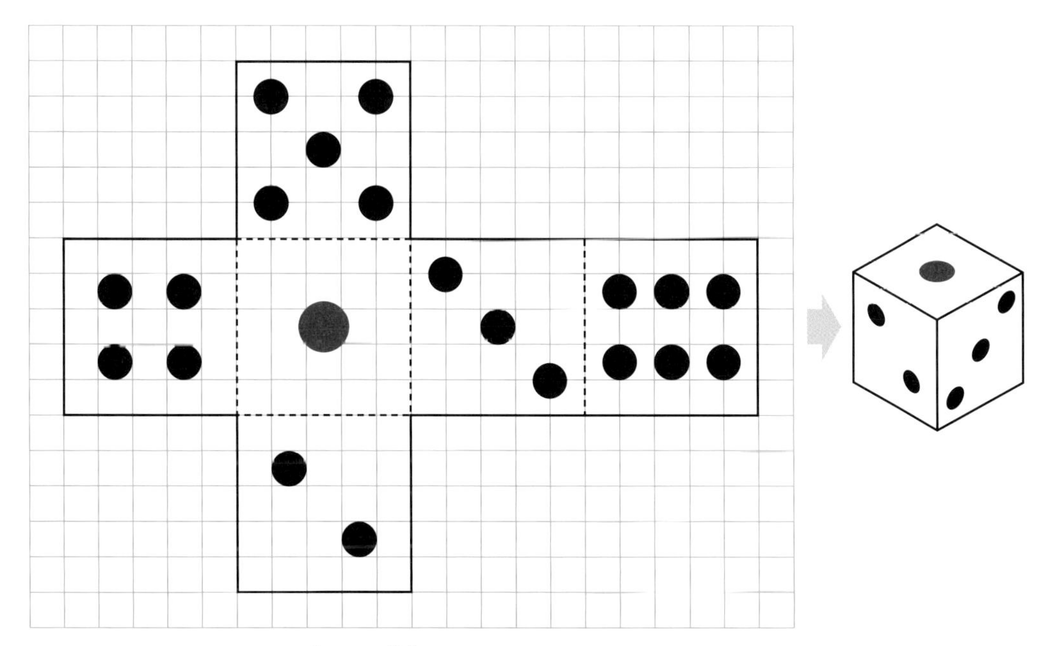

(1) ⚀ と むかい合う 面は どれでしょう。〔　　　　〕

(2) ⚁ と むかい合う 面は どれでしょう。〔　　　　〕

(3) ⚂ と むかい合う 面は どれでしょう。〔　　　　〕

2 (1), (2)の はこは, 下のあ, い, う, えの どの ひらいた 図を 組み立てたのでしょう。［20点ずつ…合計40点］

(1)

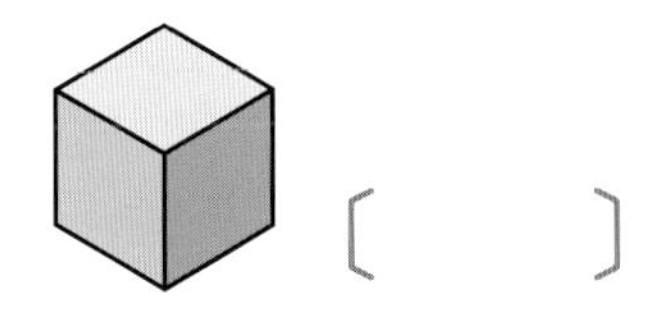

〔　　　〕

(2)

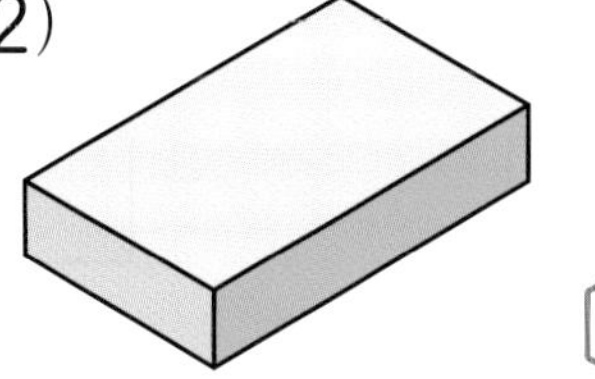

〔　　　〕

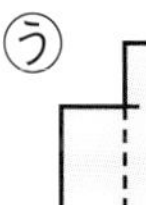

あ

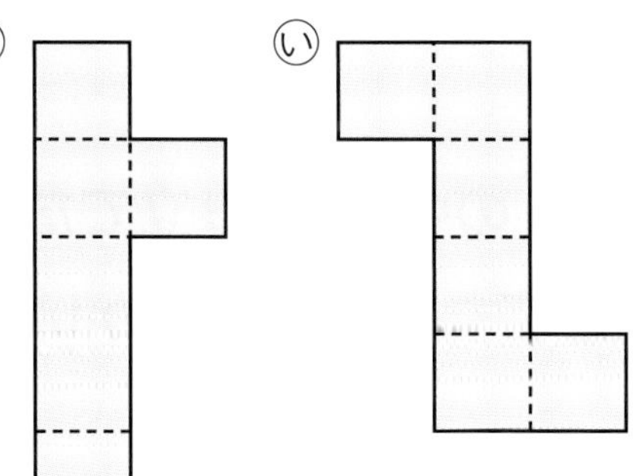

い

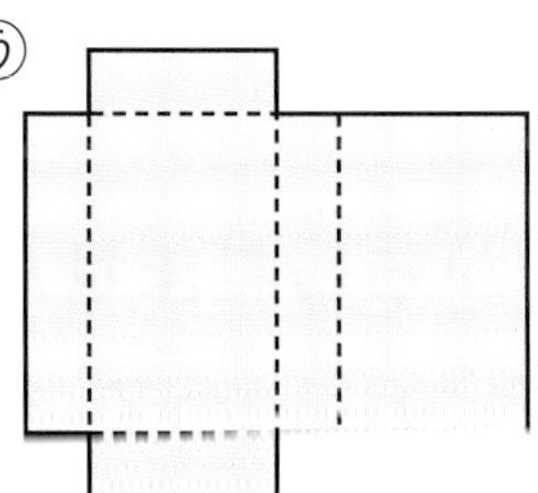

う

え

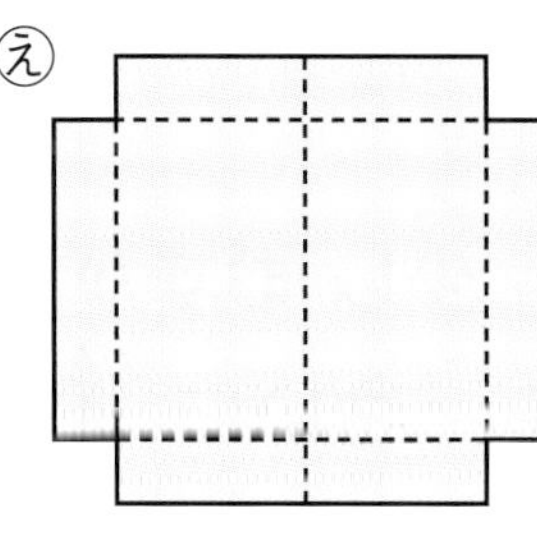

おもしろ算数

さいころの 形を ひらいた 図

答え → 127 ページ

さいころの 形を へんに そって 切りひらき，すべての 面が つながるように すると，その方ほうは 下の □ 通りです。

少し むずかしいかもしれませんが 頭の中で 組み立てたり，じっさいに 紙に うつしとって 組み立てたりして，むかい合う 面に 同じ 色を ぬりましょう。

20 分数

学習のねらい

$\frac{1}{2}$, $\frac{1}{4}$, $\frac{1}{8}$の
やさしい分数を学びます。

教科書のまとめ

☆ 分けた 数

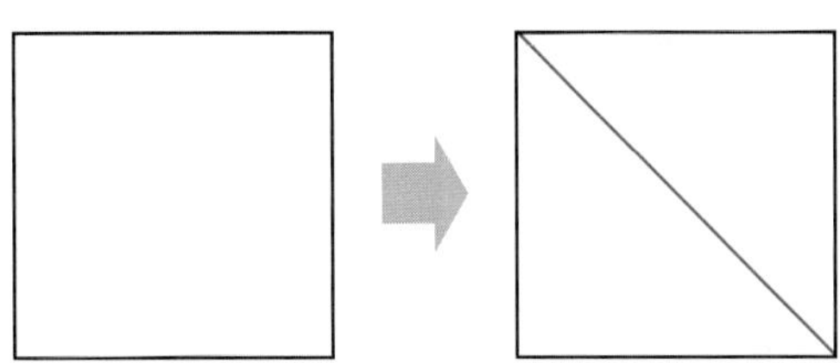

上の 図は 色紙を 同じ 大きさの 2つ，つまり 半分に 分けています。このように，同じ 大きさに 分けた 2つのうちの 1つを もとの 大きさの 二分の一と いい，$\frac{1}{2}$と 書きます。

☆ $\frac{1}{4}$，$\frac{1}{8}$

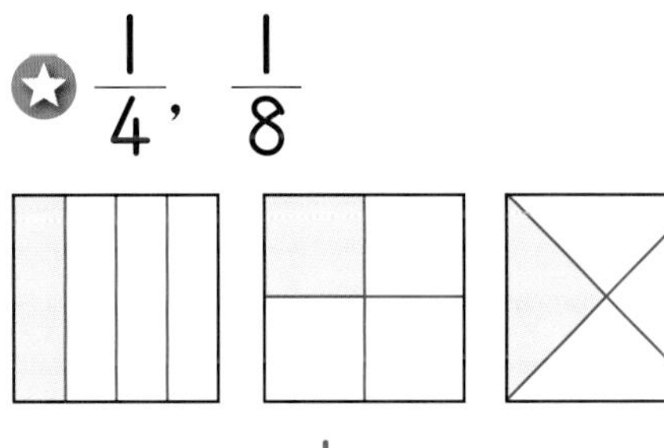

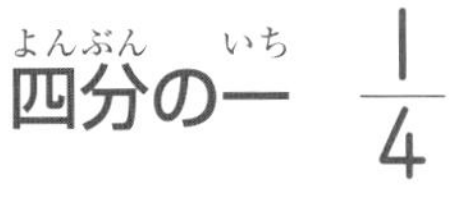

四分の一 $\frac{1}{4}$

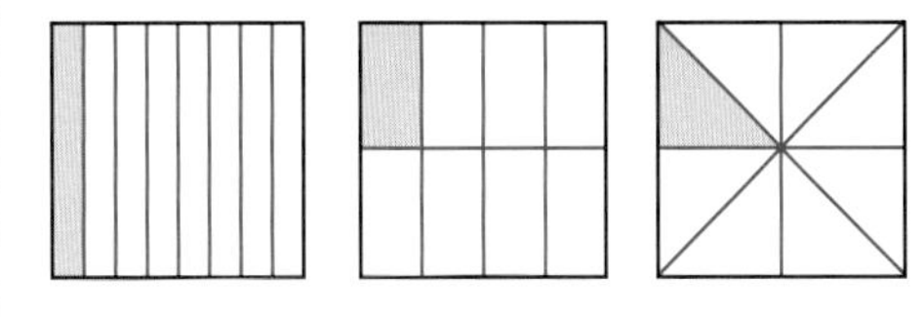

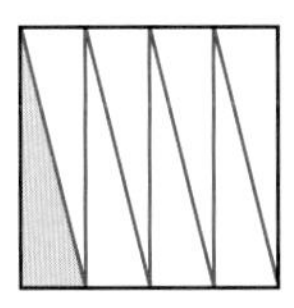

八分の一 $\frac{1}{8}$

☆ 分　数

$\frac{1}{2}$，$\frac{1}{4}$，$\frac{1}{8}$のような 数を 分数と いいます。

1 分 数

もとに なる ことがら $\frac{1}{2}$, $\frac{1}{4}$, $\frac{1}{8}$

$\frac{1}{2}$, $\frac{1}{4}$, $\frac{1}{8}$の 大きさを 考えましょう。

❶ もとの 大きさの 半分の 大きさを $\frac{1}{2}$と いいます。

テープを 半分に おった 大きさです。

$\frac{1}{2}$の 2つ分は もとの 大きさに なります。

❷ もとの 大きさを 4つに 分けた 1つ分の 大きさを $\frac{1}{4}$と いいます。

$\frac{1}{2}$の テープを もう半分に おった 大きさです。

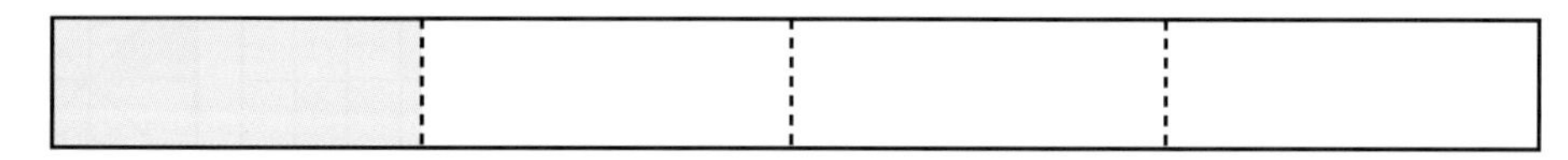

$\frac{1}{4}$の 4つ分は もとの 大きさに なります。

❸ もとの 大きさを 8つに 分けた 1つ分の 大きさを $\frac{1}{8}$と いいます。

$\frac{1}{4}$の テープを もう半分に おった 大きさです。

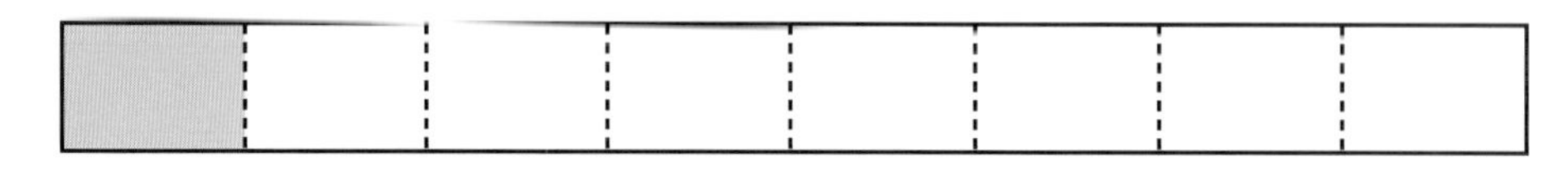

$\frac{1}{8}$の 8つ分は もとの 大きさに なります。

教科書のドリル

答え → べっさつ31ページ

1

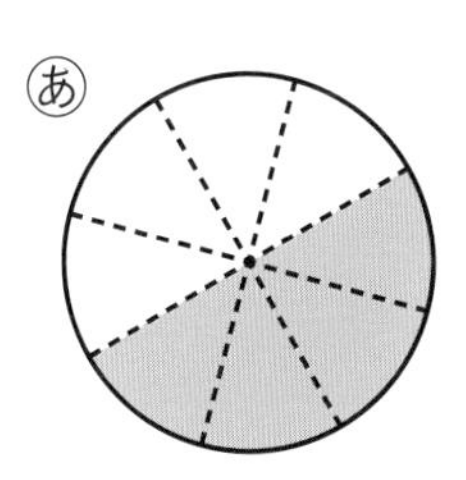

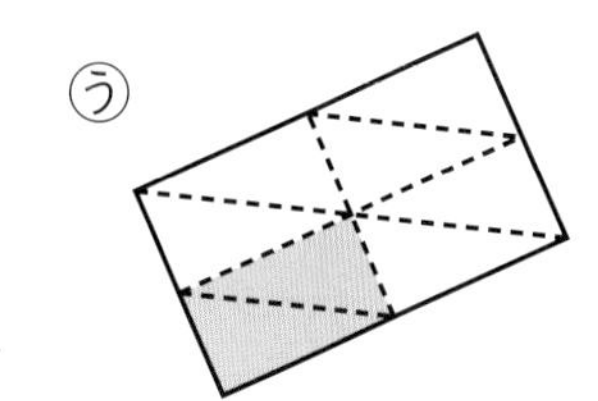

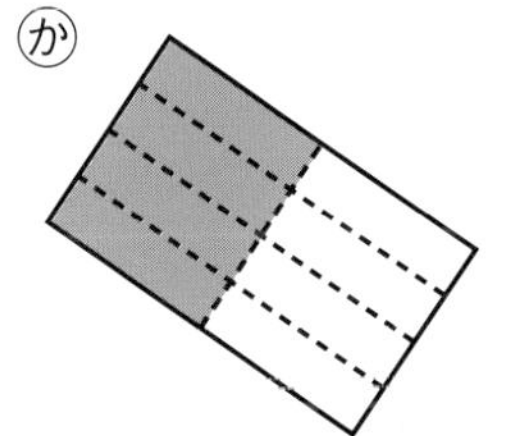

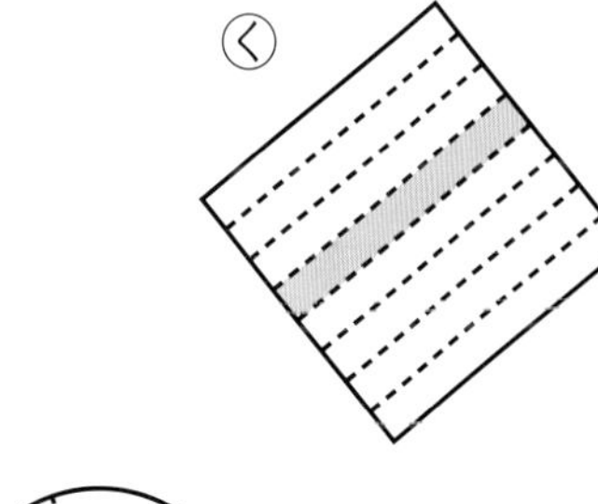

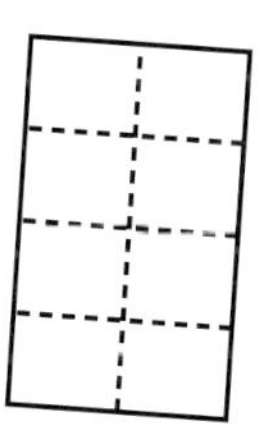

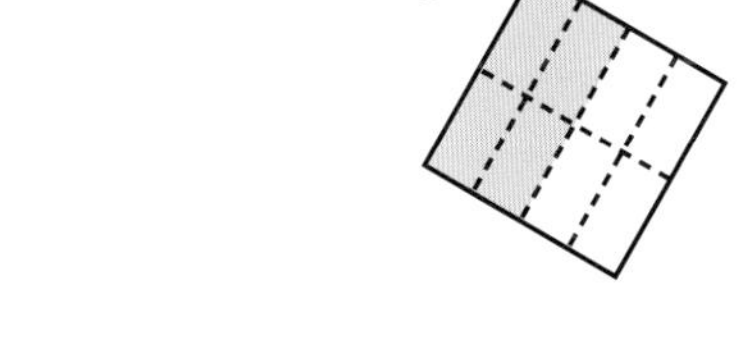

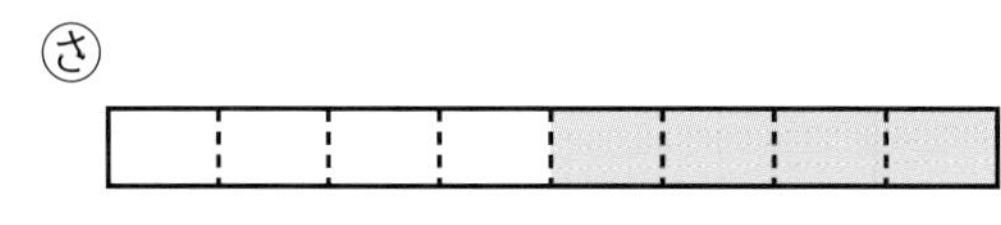

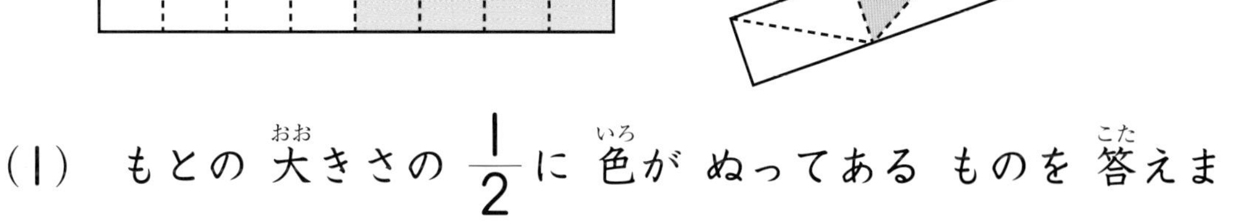

(1)　もとの 大きさの $\frac{1}{2}$ に 色が ぬってある ものを 答えましょう。　(　　　　　)

(2)　もとの 大きさの $\frac{1}{4}$ に 色が ぬってある ものを 答えましょう。　(　　　　　)

(3)　もとの 大きさの $\frac{1}{8}$ に 色が ぬってある ものを 答えましょう。　(　　　　　)

テストに出るもんだい

答え ➡ べっさつ31ページ
時間20分

1 □に あてはまる 数を 書きましょう。 ［15点ずつ…合計30点］

(1) $\frac{1}{2}$の □ つ分は もとの 大きさに なります。

(2) $\frac{1}{4}$の テープを □ ばい すると もとの 大きさに なります。

2 もとの 大きさの $\frac{1}{2}$に 色を ぬりましょう。 ［10点ずつ…合計30点］

(1) (2) (3)

3 もとの 大きさの $\frac{1}{4}$に 色を ぬりましょう。 ［10点ずつ…合計20点］

(1)

(2)

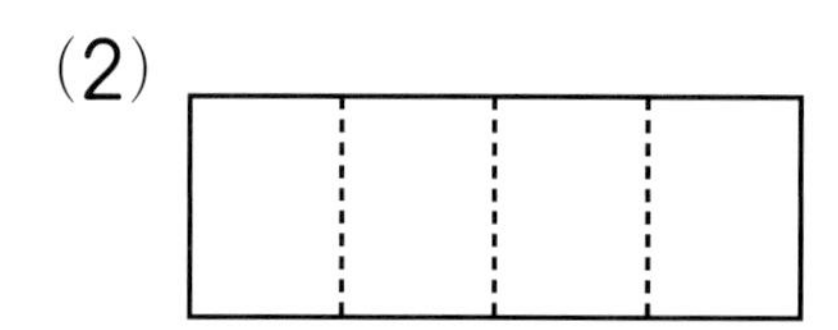

4 もとの 大きさの $\frac{1}{8}$に 色を ぬりましょう。 ［10点ずつ…合計20点］

(1)

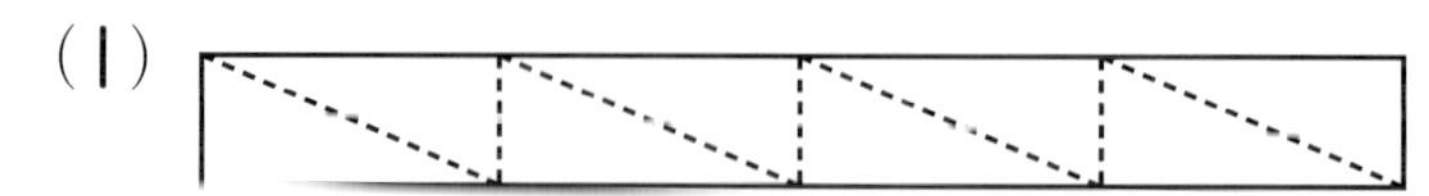

(2)

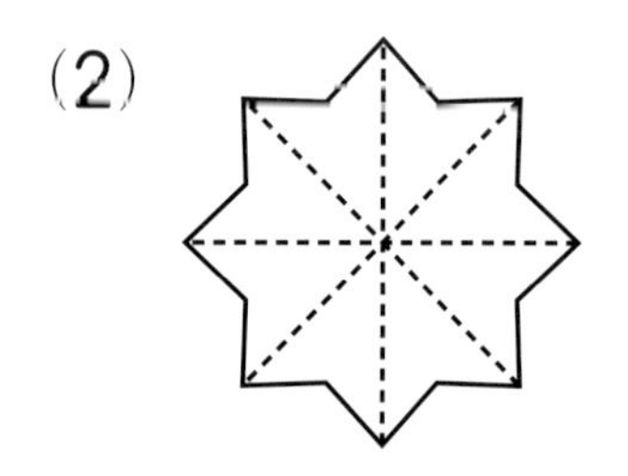

おもしろ算数 の 答え

<18 ページの答え> <24 ページの答え>

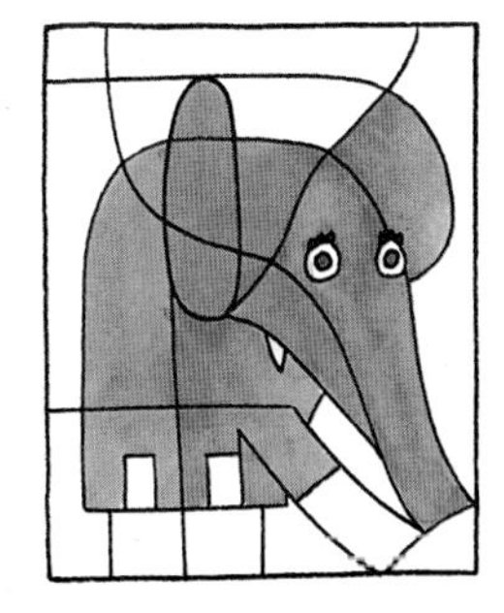

<30 ページの答え>

① 16(cm) ② 14(cm) ③ 8(cm)
④ 15(cm) ⑤ 12(cm)

<38 ページの答え>

① 604 ② 570 ③ 437 ④ 293
⑤ 700

<44 ページの答え>

左から，6(dL)，3(dL)，5(dL)，
2(dL)，10(dL)，4(dL)，8(dL)

<52 ページの答え>

上から，16 は 22−6，24 は 17+7，
37 は 45−8，41 は 39+2，
57 は 61−4，65 は 56+9

<58 ページの答え>

ほうかごあそぼう

<64 ページの答え>

1	2	8	■
6	■	7	1
3	9	■	5
■	1	4	2

<72 ページの答え> <80 ページの答え>

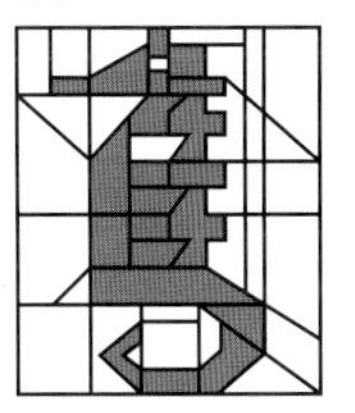

<94 ページの答え>

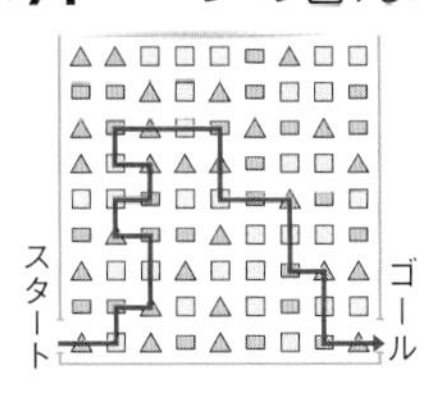

<100 ページの答え>

えんぴつ … 15cm
めがね … 12cm
ランドセル … 30cm
虫とりあみ … 1m
ろうか … 3m

<110 ページの答え>

おしるこ コーナーに 近(ちか)いほうから
ぼく 27 わたし 16 ぼく 22

<122 ページの答え>

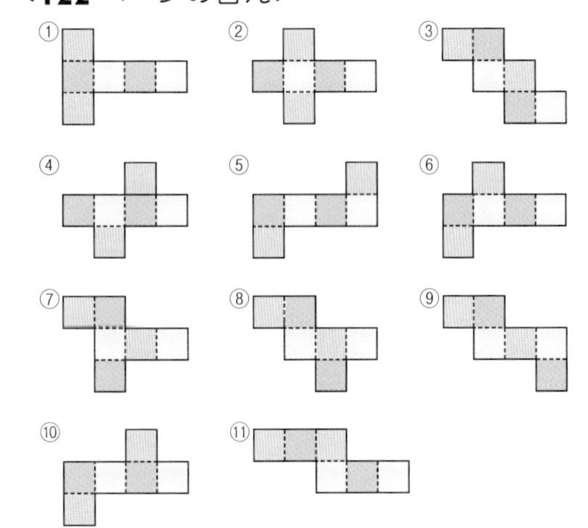

⑥

□ 編集協力　大須賀康宏　株式会社キーステージ21　田中浩子　西田裕美
□ デザイン　福永重孝
□ 図版作成　伊豆嶋恵理
□ イラスト　反保文江　ふるはしひろみ　よしのぶもとこ

シグマベスト
これでわかる
算数　小学2年

編著者　文英堂編集部
発行者　益井英郎
印刷所　中村印刷株式会社
発行所　株式会社文英堂
〒601-8121　京都市南区上鳥羽人物町28
〒162-0832　東京都新宿区岩戸町17
(代表)03-3269-4231

●落丁・乱丁はおとりかえします。

ΣBEST
シグマベスト

これでわかる 算数 小学2年

くわしく
わかりやすい

答えと とき方

- 「答え」は，見やすいように，ページごとに“わくがこみ”の中にまとめました。
- 「考え方・とき方」では，図や 絵を 入れて，よくわかるようにしています。

➡保護者のみなさんが，子供達のもつ疑問やまちがえやすい点などがよくわかるように，「おうちの方へ」の欄を設け，くわしく解説しています。

文英堂

1 ひょう・グラフ

教科書のドリルの答え　7 ページ

❶ (1) 下(した)の ひょう

のりもの	自どう車	電車	ひこうき	船
数	5	4	8	3

(2) 下の グラフ

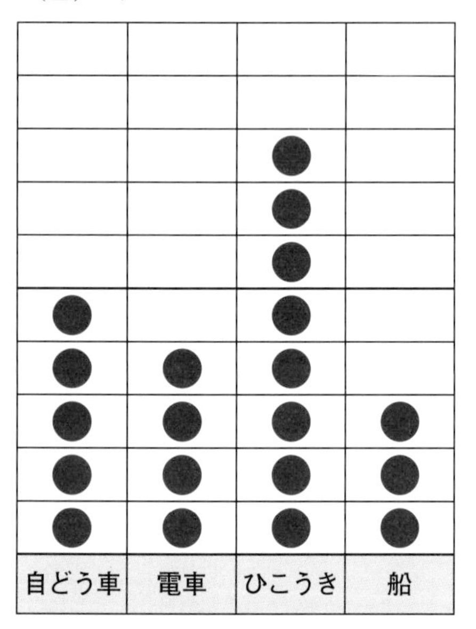

(3) ひこうき

考え方・とき方

❶ (1) まちがいが ないように 数(かぞ)えます。
数えた ところに ○などの しるしを つけて いくと，まちがいが 少(すく)なく なります。
自(じ)どう車(しゃ)，電(でん)車，ひこうき，船(ふね)の じゅんばんに 数えて いくと よいでしょう。
(2) 自どう車は 5 だから，グラフの 下から 5つ ●を かきます。
電車，ひこうき，船も 同(おな)じです。
(3) いちばん 多(おお)いのは，8の ひこうきです。

おうちの方へ

1　数を調べるときには，**表にすると分かりやすく，グラフにすると全体がくらべやすく**なります。
　2年生では，まちがえないで数えることが大切です。そのために，数えた所に印をつけたり，項目ごとに順番に数えたりする習慣を身につけることが大切です。

2　2年生では，表に数をかいたり，グラフに●をかいたりすることが学習の中心です。
　表やグラフを最初から作成する場合は，**方眼ノートや方眼紙**を使うと便利です。表やグラフの題名を書き忘れないようにすることが必要です。
　棒グラフは3年生，折れ線グラフは4年生の学習ですが，ここでの勉強が基礎になります。確実にマスターさせてください。

テストに出るもんだいの答え　8 ページ

❶ (1) 下の ひょう

虫	ちょう	せみ	かぶとむし	とんぼ	バッタ
数	4	8	1	2	5

(2) 下の グラフ

せみ	バッタ	ちょう	とんぼ	かぶとむし
●				
●				
●				
●	●			
●	●	●		
●	●	●		
●	●	●	●	
●	●	●	●	●

(3) せみ　(4) かぶとむし

考え方・とき方

❶ (1) ちょうから じゅんばんに 数えて いくと よいでしょう。
まちがいが ないように，数えた ところに ×や ○などの しるしを つけて おき

ましょう。

(2) 多い じゅんばんに，左から かきます。せみ，バッタ，ちょう，とんぼ，かぶとむしの じゅんです。虫の 名前を わすれずに 書きましょう。

●は，グラフの 下から じゅんに かきます。

(3) いちばん 多いのは，8の せみです。

(4) いちばん 少ないのは，1の かぶとむしです。

2 時こくと 時間

教科書のドリルの答え　11ページ

❶ (1) 午前8時6分
(2) 午前10時24分
(3) 午後0時31分
(4) 午後4時58分

❷ (1) 3時間20分
(2) 1時間15分

❸ 午前10時25分

考え方・とき方

❷ (1) 8時40分から 9時までは 20分，9時から 12時までは 3時間，合わせて 3時間20分です。

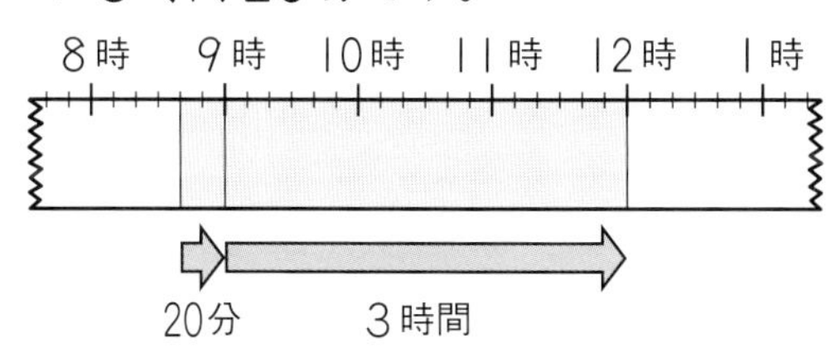

(2) 3時から 4時までは 1時間，4時から 4時15分までは 15分，合わせて 1時間15分です。

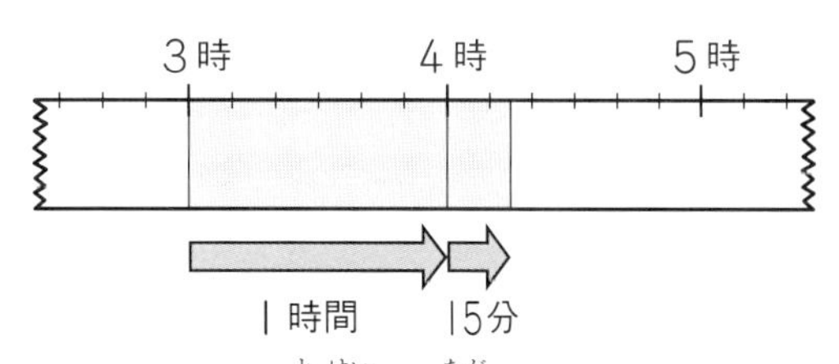

❸ 1時間は，時計の 長い はりが ひとまわりする 時間です。

おうちの方へ

1 時刻と時間の違いの理解を図ることが大切です。「時刻」は，時の流れの中の1点です。「時間」は，ある時刻からある時刻までの間隔です。

時間の意味は，なかなかとらえにくいものです。まず，時計の見方を知り，日常生活の中で用いる「時刻」についての関心をもたせます。そして，しだいに「時間」についての理解を深めていくことが大切です。

2 時刻や時間を視覚的にとらえるために，テープ図や数直線は有効です。

8時30分から9時15分までの時間を求める場合では，「8時30分から9時までは30分，9時から9時15分までは15分，あわせて45分」と考えます。

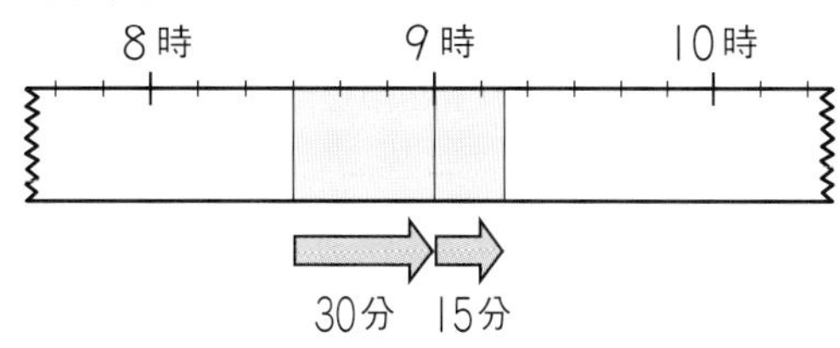

しかし，今まで，針の動きでとらえていたものを，直線で表示してとらえることになるので，その表示の仕方を十分に理解することが大切です。時計の文字盤の円周にはったテープをのばして直線にするのも，理解するための1つの方法です。

テストに出るもんだいの答え　12ページ

❶ (1) 7時14分　(2) 10時51分
(3) 3時7分　(4) 9時28分

❷ (1) 1時間30分
(2) 10時間45分

❸ (1) 3時15分 (2) 5時50分

❹ 50分

考え方・とき方

❷ 時計の 長い はりが 1まわり する 時間が 1時間です。

(1) 9時50分から 10時50分までは 1時間，10時50分から 11時20分までは 30分，あわせて 1時間30分です。

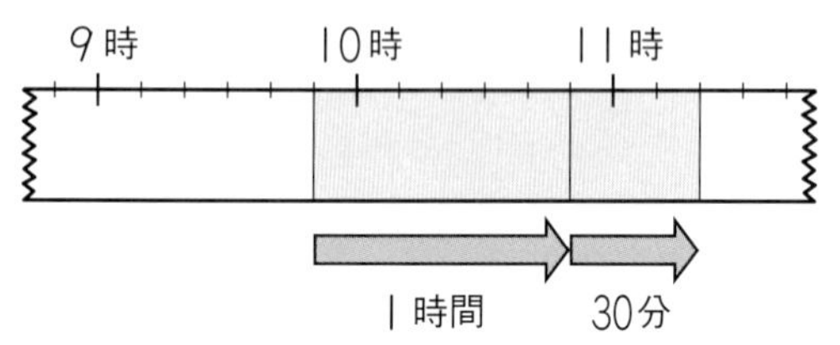

(2) 午前8時から 午後6時までは 10時間，午後6時から 午後6時45分までは 45分，あわせて 10時間45分です。

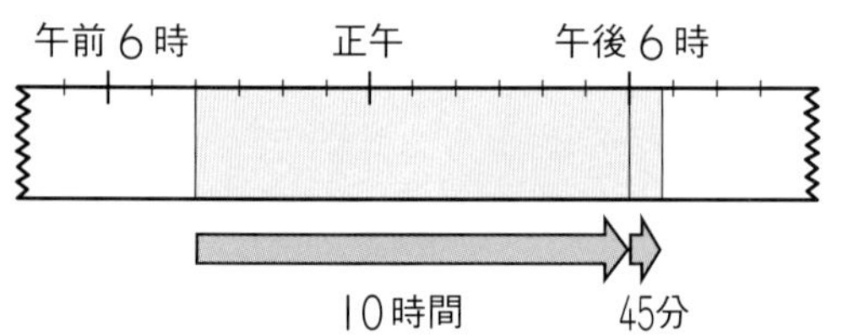

❸ (1) 2時30分の 30分後は 3時，3時の 15分後は 3時15分です。

(2) 6時10分の 10分前は 6時，6時の 10分前は 5時50分です。

❹ 午後4時40分から 午後5時30分までの 時間を 考えます。

4時40分から 5時までは 20分，5時から 5時30分までは 30分，あわせて 50分です。

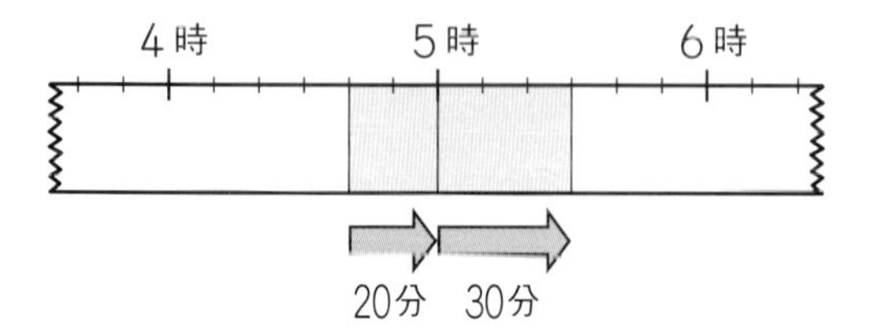

3 くり上がりの ある たし算

教科書のドリルの答え　15ページ

❶ (1) 38　(2) 85　(3) 36
(4) 80　(5) 65　(6) 86
(7) 87　(8) 77

❷ (1) 42　(2) 54　(3) 33
(4) 60　(5) 64　(6) 91
(7) 80　(8) 70

❸ 63ページ

考え方・とき方

❶ くり上がりの ない たし算です。

はじめに 一のくらいを たし，つぎに 十のくらいを たします。

(1)
$$\begin{array}{r} 21 \\ +\ 17 \\ \hline \end{array} \Rightarrow \begin{array}{r} 21 \\ +\ 17 \\ \hline 8 \end{array} \Rightarrow \begin{array}{r} 21 \\ +\ 17 \\ \hline 38 \end{array}$$

(4) 一のくらいは 0です。十のくらいの 計算を します。

$$\begin{array}{r} 50 \\ +\ 30 \\ \hline 80 \end{array}$$
← 一のくらいは 0

(5) たされる数に 0の ある 計算は，0+5=5のように，同じくらいの たす数を そのまま 書きます。

$$\begin{array}{r} 20 \\ +\ 45 \\ \hline 65 \end{array}$$

(6) たす数に 0の ある 計算は，6+0=6のように，同じくらいの たされる数を そのまま 書きます。

❷ くり上がりの ある たし算です。

一のくらいから 計算を します。

(1)
$$\begin{array}{r} 38 \\ +\ \ 4 \\ \hline \end{array} \Rightarrow \begin{array}{r} 38 \\ +\ \ 4 \\ \hline 2 \end{array} \Rightarrow \begin{array}{r} 38 \\ +\ \ 4 \\ \hline 42 \end{array}$$

(5)
```
  36      1 36      1 36
+ 28  →  + 28  →  + 28
           4        64
```

❸ きのう 読んだ 25 ページと，今日 読んだ 38 ページを あわせます。

たし算を します。ひっ算は，くらいを そろえて 書いてから 計算を します。

```
  25      1 25      1 25
+ 38  →  + 38  →  + 38
           3        63
```

25+38=63(ページ)

おうちの方へ

1 **「3. くり上がりのあるたし算」**では，34+12 の計算を，「30 と 10 で 10 の束が 4 つで 40，残り 6 つで 46」のように，具体物の操作を通して身につけてきています。

2 年生ともなると，中には，具体物などで操作することを繁雑に思い，むしろ，数そのものについて考えた方が理解しやすいと感じる場合があるかも知れません。

しかし，計算のしくみの理解を図るには，**計算棒やブロック**などを利用して，**具体的に，ていねいに学習を進める**必要があります。

2 筆算の最初のころのまちがいは，計算方法が理解できていない場合が多いのですが，書き表し方が悪いためのまちがいも見逃せません。

そこで，位取りについての意識を高めるため，方眼ノートを利用して，書き表し方の練習をしたりすることも効果的です。

```
  28
+ 15
  43
```

テストに出るもんだい①の答え 16 ページ

❶ (1) 78 (2) 68 (3) 92 (4) 76 (5) 69 (6) 35 (7) 42 (8) 79

❷ (1) 72 (2) 90 (3) 31 (4) 52 (5) 65 (6) 98 (7) 80 (8) 70

❸ 96

考え方・とき方

❶ くり上がりの ない たし算です。

❷ くり上がりの ある たし算です。

(1)
```
  ①          9+3=①2 ←この 1が くり上がる
  69
+  3
  72
```

❸ 57+39 を ひっ算で します。

くらいを そろえて 書きます。一のくらいから 計算を します。くり上がりに ちゅういを します。

```
  57      1 57      1 57
+ 39  →  + 39  →  + 39
            6        96
```

7+9=16　1+5+3=9

テストに出るもんだい②の答え 17 ページ

❶ (74 で)同じ

❷ (1) 64 (2) 51 (3) 82 (4) 87 (5) 74 (6) 90

❸ 51 台

❹ 65 こ

考え方・とき方

❶
```
たされる数 →   48       26
たす数   → + 26  ⇄  + 48
答え    →   74       74
```

たし算では，たされる数と たす数を 入れかえても 答えは 同じです。48+26 の答えは 26+48 の 計算で たしかめる ことが できます。

❷ ひっ算は くらいを そろえて 書き，一の くらいから 計算を します。

```
(1)  1          (2)  1           (3)  1
     58              9                33
   +  6           + 42              + 49
     64             51                82
```

(4)
$$\begin{array}{r} 19 \\ +68 \\ \hline 87 \end{array}$$
(5)
$$\begin{array}{r} 27 \\ +47 \\ \hline 74 \end{array}$$
(6)
$$\begin{array}{r} 54 \\ +36 \\ \hline 90 \end{array}$$

❸ 自(じ)どう車(しゃ) 37 台(だい)に，あとから 入(はい)って きた 14 台を あわせます。たし算(ざん)です。

$$\begin{array}{r} 37 \\ +14 \\ \hline \end{array} \Rightarrow \begin{array}{r} 37 \\ +14 \\ \hline 1 \end{array} \Rightarrow \begin{array}{r} 37 \\ +14 \\ \hline 51 \end{array}$$

37+14=51(台)

❹ 赤(あか)い おはじき 36 こと，青(あお)い おはじき 29 こを あわせます。たし算です。

$$\begin{array}{r} 36 \\ +29 \\ \hline \end{array} \Rightarrow \begin{array}{r} 36 \\ +29 \\ \hline 5 \end{array} \Rightarrow \begin{array}{r} 36 \\ +29 \\ \hline 65 \end{array}$$

36+29=65(こ)

4 くり下がりの ある ひき算

教科書のドリルの答え　21 ページ

❶ (1) 71　(2) 45　(3) 35
(4) 40　(5) 30　(6) 3
(7) 41　(8) 70

❷ (1) 34　(2) 56　(3) 39
(4) 22　(5) 17　(6) 8
(7) 56　(8) 7

❸ 18 人

考え方・とき方

❶ くり下(さ)がりの ない ひき算です。

はじめに 一のくらいを ひき，つぎに 十のくらいを ひきます。

(1)
$$\begin{array}{r} 83 \\ -12 \\ \hline \end{array} \Rightarrow \begin{array}{r} 83 \\ -12 \\ \hline 1 \end{array} \Rightarrow \begin{array}{r} 83 \\ -12 \\ \hline 71 \end{array}$$
3−2=1　8−1=7

(4) 一のくらいは 0−0で 0です。0を 書(か)きわすれないように ちゅういを します。

$$\begin{array}{r} 60 \\ -20 \\ \hline 40 \end{array}$$
(0 ─ かならず かくこと)

(5) 一のくらいは 4−4で 0です。

$$\begin{array}{r} 64 \\ -34 \\ \hline 30 \end{array}$$
6−3=3　4−4=0

(8) 一のくらいは 7−7で 0です。

❷ くり下がりの ある ひき算です。
一のくらいから 計算(けいさん)を します。
くり下がりに ちゅういを します。

(1)
$$\begin{array}{r} 43 \\ -\ \ 9 \\ \hline \end{array} \Rightarrow \begin{array}{r} \overset{3}{\cancel{4}}\overset{13}{3} \\ -\ \ 9 \\ \hline 4 \end{array} \Rightarrow \begin{array}{r} \overset{3}{\cancel{4}}3 \\ -\ \ 9 \\ \hline 34 \end{array}$$

(6)
$$\begin{array}{r} 44 \\ -36 \\ \hline \end{array} \Rightarrow \begin{array}{r} \overset{3}{\cancel{4}}\overset{14}{4} \\ -36 \\ \hline 8 \end{array} \Rightarrow \begin{array}{r} \overset{3}{\cancel{4}}4 \\ -36 \\ \hline 8 \end{array}$$

十のくらいの 0は 書きません。

❸ あそんで いる 子ども 35 人(にん)から，帰(かえ)った 17 人を ひきます。ひっ算は，くらいを そろえて 書いてから 計算を します。

$$\begin{array}{r} 35 \\ -17 \\ \hline \end{array} \Rightarrow \begin{array}{r} \overset{2}{\cancel{3}}\overset{15}{5} \\ -17 \\ \hline 8 \end{array} \Rightarrow \begin{array}{r} \overset{2}{\cancel{3}}5 \\ -17 \\ \hline 18 \end{array}$$

35−17=18(人)

おうちの方へ

一般的には，計算を筆算でするのか，暗算でするのかにはこだわる必要はありません。しかし，筆算形式の学習のときには，暗算での答えをそのまま認めることはできません。数が大きくなった場合を考えると，**筆算の計算方法の理解**を図り，活用できるようにしておくことが大切です。

そのため，「何たす何は十何」や「十何ひく何」は暗算でできるようにしておくことが重要です。

テストに出るもんだい①の答え　22 ページ

1 (1) 62　(2) 55　(3) 14
(4) 23　(5) 30　(6) 6
(7) 5　(8) 40

2 (1) 26　(2) 52　(3) 17
(4) 38　(5) 19　(6) 9
(7) 35　(8) 7

3 33

考え方・とき方

1 くり下がりの　ない　ひき算です。

2 くり下がりの　ある　ひき算です。

(1)
```
  2 11
  3 1
－  5
  2 6
```
1から 5は ひけない
十のくらいから 1 かりてきて
11から 5を ひくと 6

(3)
```
  2 14
  3 4
－1 7
  1 7
```
14から 7を ひく

3 61－28 を ひっ算で します。

くらいを そろえて 書きます。一のくらいから 計算を します。くり下がりに ちゅういを します。

```
  6 1        5 11        5
－2 8   ➡   6 1   ➡   6 1
           －2 8       －2 8
               3         3 3
```
11－8＝3　　5－2＝3

テストに出るもんだい②の答え　23 ページ

1

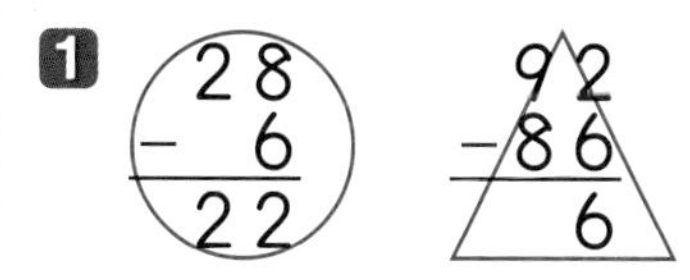

2 (1) 37　(2) 24　(3) 21
(4) 9　(5) 8　(6) 36

3 23 まい

4 16 こ

考え方・とき方

1
```
              7 12     4 10     8 12
  2 8         8 2      5 0      9 2
－  6       －6 5    －3 3    －8 6
  2 2         1 7      1 7        6
```
答えが いちばん 大きい ものは 22
答えが いちばん 小さい ものは 6

ひかれる数 ⟶ 28
ひく数 ⟶ －6
答え ⟶ 22

たしかめ
```
  2 2
＋  6
  2 8
```

ひき算の 答えに ひく数を たすと，ひかれる数に なります。

このことを つかうと，28－6＝22 の 答えが正しいかどうかは 22＋6 の 計算で たしかめる ことが できます。

2 ひっ算は くらいを そろえて 書き，一のくらいから 計算を します。

```
(1) 5 15    (2) 5 11    (3) 7 10
    6 5         6 1         8 0
  －2 8       －3 7       －5 9
    3 7         2 4         2 1

(4) 6 14    (5) 2 10    (6) 3 10
    7 4         3 0         4 0
  －6 5       －2 2       －  4
      9           8         3 6
```

3 色紙 72 まいから，つかった 49 まいを ひきます。

```
                6 12        6
  7 2           7 2         7 2
－4 9   ➡    －4 9   ➡  －4 9
                  3         2 3
```
72－49＝23(まい)

4 ゆいかさんの ひろった 貝がら 43 こから，さくらさんの ひろった 27 こを ひきます。

```
                3 13        3
  4 3           4 3         4 3
－2 7   ➡    －2 7   ➡  －2 7
                  6         1 6
```
43－27＝16(こ)

5 長さ(1) …cm と mm

教科書のドリルの答え　27 ページ

❶ あ 6mm　い 4cm
う 8cm3mm　え 12cm8mm

❷ (1) 10cm　(2) 6cm5mm
(3) 4cm　(4) 8cm8mm

❸ 4cm5mm

❹ (1) 8cm　(2) 10cm5mm

考え方・とき方

❷ 計算(けいさん)を ひっ算で する ことが できます。たんいを そろえて 書(か)きます。

(2)
```
   2cm 5mm
 + 4cm
 ─────────
   6cm 5mm
```

(3)
```
   9cm
 - 5cm
 ─────
   4cm
```

(4)
```
   13cm 8mm
 -  5cm
 ──────────
    8cm 8mm
```

❸ 12cm5mm から 8cm を ひきます。
計算を ひっ算で する ことが できます。たんいを そろえて 書きます。

```
   12cm 5mm
 -  8cm
 ──────────
    4cm 5mm
```

12cm5mm−8cm=4cm5mm

❹ 直線(ちょくせん)の 左(ひだり)のはしを ものさしの 0 の めもりに そろえます。

(1)

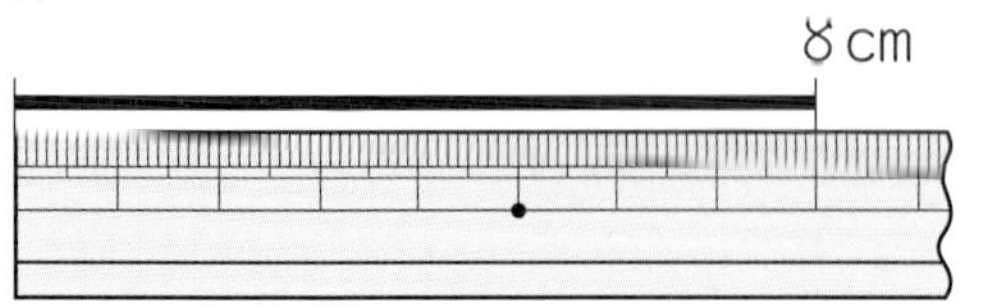

おうちの方へ

1 いろいろなものの長さを，**ものさしを正しく使って測る**ことが大切です。
次のことに注意をする必要があります。

① ものさしの目もりがついている側の左端と，測ろうとするものの端をそろえて，長さを測るところに正しくあてます。

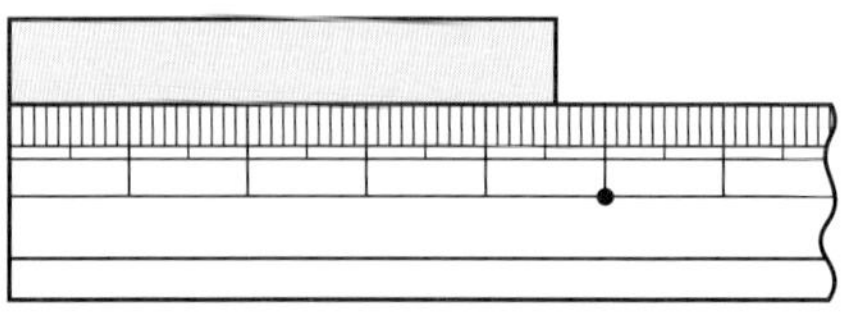

② よこの方向の長さを測るときは，ものさしが測るものよりも手前にくるように置きます。
③ 姿勢をよくして，真上から目もりを読みます。
④ たての方向の長さを測るときは，ものさしの目もりを測るものの左側に置いて，上の方から読みとります。
⑤ たてのものでも，よこにできるものは，よこにして測るようにします。
⑥ ものさしの端の目もりが破損しているとき，途中の目もりから測るほうが正確な場合もあります。

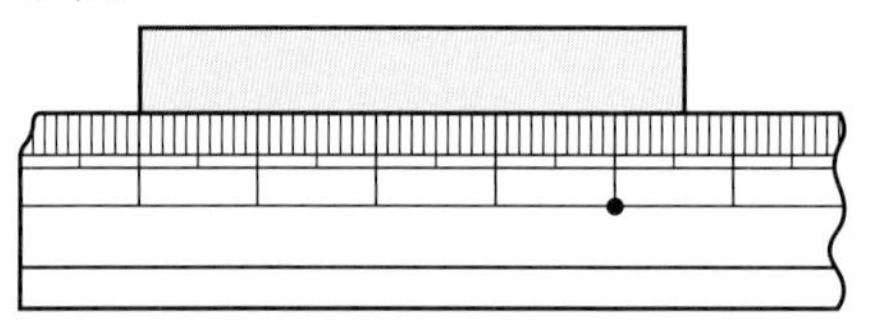

⑦ 長さを正確に測ることをねらいとする場合には，**竹製のものさし**がよいです。プラスチック製は，竹製にくらべて，温度や湿度によるのび縮みが大きいので，正確ではありません。直線をひくことをねらいとする場合には，どんな材質のものさしでもよいです。

2 4cm6mm は，正しくは「4センチメートル6ミリメートル」と読みますが，一般的には，省略して「4センチ6ミリ」と読みます。

テストに出るもんだい①の答え　28 ページ

1 (1) 7cm　(2) 11cm
(3) 4cm5mm

2 (1) 8cm　(2) 12cm2mm

3 13cm

考え方・とき方

❶ テープの 左の はしを ものさしの 0の めもりに そろえます。

（1）70mm でも かまいませんが 7cm と 答えるほうが よいでしょう。

（2）110mm でも かまいませんが 11cm と 答えるほうが よいでしょう。

（3）cm だけでは あらわせません。はんぱが でたので mm も つかいます。4cm5mm と 答えましょう。

❷（1）左から 2cm の ところから はかりはじめて いるので，10cm−2cm で もとめる ことが できます。

10cm−2cm＝8cm

（2）左から 1cm の ところから はかりはじめて いるので，13cm2mm−1cm で もとめる ことが できます。

13cm2mm−1cm＝12cm2mm

❸ 65cm から 52cm を ひきます。ひっ算で 計算します。

```
  65cm
− 52cm
──────
  13cm
```

65cm−52cm＝13cm

テストに出るもんだい②の答え　29ページ

❶ 38mm　4cm　3cm7mm　41mm
〔3〕　〔2〕　〔4〕　〔1〕

❷（1）11cm4mm　（2）16cm8mm
（3）2cm3mm　（4）1cm9mm

❸ 4cm8mm

❹（1）95cm　（2）80cm

考え方・とき方

❶ たんいを mm に そろえてから くらべます。

4cm が 40mm，3cm7mm が 37mm だから，長いじゅんに 41mm，4cm，38mm，3cm7mm です。

❷ 計算を ひっ算で する ことが できます。たんいを そろえて 書きます。

```
(1)   8cm 4mm      (2)    7cm
    + 3cm              + 9cm 8mm
    ─────────          ─────────
     11cm 4mm          16cm 8mm

(3)   5cm 3mm      (4)   6cm 9mm
    − 3cm              − 5cm
    ─────────          ─────────
      2cm 3mm            1cm 9mm
```

❸ たての 14cm8mm から，よこの 10cm を ひきます。

計算を ひっ算で する ことが できます。たんいを そろえて 書きます。

```
  14cm 8mm
− 10cm
──────────
   4cm 8mm
```

14cm8mm−10cm＝4cm8mm

❹（1）30cm の ものさし 3つ分と あと 5cm だから，
30cm＋30cm＋30cm＋5cm で
95cm です。

（2）95cm から 15cm を ひきます。
95cm−15cm＝80cm

6 1000までの 数

教科書のドリルの答え　33ページ

❶（1）115　（2）367　（3）206
（4）502　（5）640　（6）900

❷ 215まい

❸（1）742　（2）409

❹ (1) あ400　い401　う404
　え405
(2) あ580　い600　う630

考え方・とき方

❶ (3), (4) 十のくらいの 数(かず)は ないので, 0で あらわします。
(5) 一のくらいの 数は ないので, 0で あらわします。
(6) 十のくらいと 一のくらいの 数は ないので, 0で あらわします。

❷ 100の たばを 2つ, 10の たばを 1つ, 1を 5つ あわせた 数です。

❸ (2) 10は ないので, 十のくらいの 数は 0で あらわします。

❹ (1) 数の線(せん)の 1めもりが 1ずつを あらわして います。
(2) 数の線の 1めもりが 10ずつを あらわして います。

おうちの方へ

数の線の上の目もりに，数が対応していることがとらえにくい面があります。
下のように，目もりと目もりの間の数のことと思っている場合があるので注意する必要があります。

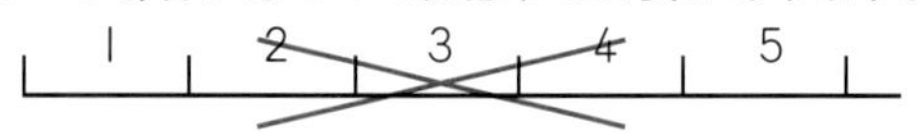

教科書のドリルの答え　35ページ

❶ (1) 469 > 467
(2) 796 < 804
(3) 97 < 103
(4) 380 > 308

❷ 140まい

❸ (1) 110　(2) 170　(3) 600
(4) 1000　(5) 350　(6) 506

❹ (1) 40　(2) 80　(3) 500
(4) 300　(5) 200　(6) 600

考え方・とき方

❶ 上のくらいから 数の 大小(だいしょう)を くらべます。
(1) 一のくらいの 数で くらべます。
(2) 百のくらいの 数で くらべます。
(3) 左(ひだり)には 百のくらいの 数が ありません。
(4) 十のくらいの 数で くらべます。

❷ 左に 10の たばが 6つ, 右に 10の たばが 8つ, あわせると 10の たばが 6+8=14 だから 140まい。
60+80=140(まい)

❸ (1) 10の たばが 8+3で 11こです。
(3) 100の たばが 4+2で 6つです。
(5) 100の たばが 3つと, 10の たばが 5つです。
(6) 100の たばが 5つと, 1が 6つです。

❹ (1) 10の たばが 13−9で 4つです。
(3) 100の たばが 9−4で 5つです。
(5) 10の たばが 6−6で なくなります。
(6) 100の たばが 6つだけに なります。

おうちの方へ

1 <, >は，大小関係を表すしるしとして扱います。しるしは，使っている間に身についてくるので，気軽に使えるようにすることが大切です。
2 5<7は，「5は7より小さい」，5>3は，「5は3より大きい」と読みます。
<, >を不等号というのは，3年生からです。

テストに出るもんだい①の答え　36ページ

1 (1) 756　(2) 480　(3) 102

2 320まい

3 (1) 600 (2) 799 (3) 1000
(4) 250

4 ㋐ 120　㋑ 300　㋒ 450
㋓ 680

考え方・とき方

1 (2) 一のくらいの 数は ないので 0で あらわします。
(3) 十のくらいの 数は ないので 0で あらわします。

2 100の たばを 3つ，10の たばを 2つ あわせた 数です。

3 (1) 599+1の 答えと 同じ 数です。
(2) 800−1の 答えと 同じ 数です。
(3) 999+1の 答えと 同じ 数です。

4 数の線の 1めもりが 10ずつを あらわして います。

テストに出るもんだい②の答え　37 ページ

1 (1) 120　(2) 110　(3) 900
(4) 1000　(5) 280　(6) 560

2 (1) 70　(2) 80　(3) 200
(4) 600　(5) 700　(6) 900

3 (1) 20+5 < 30
(2) 35 = 40−5
(3) 150 > 60+80
(4) 600 = 650−50

4 300円

考え方・とき方

1 (1) 10の たばが 3+9で 12こです。
(4) 100の たばが 7+3で 10こです。
(5) 100の たばが 2つと，10の たばが 8つです。

2 (1) 10の たばが 15−8で 7つです。
(4) 100の たばが 10−4で 6つです。
(5) 10の たばが 7−7で なくなります。
(6) 100の たばが 9つだけに なります。

3 (1) 25と 30を くらべます。
(2) 35と 35を くらべます。
(3) 150と 140を くらべます。
(4) 600と 600を くらべます。

4 もっている 700円から，つかった400円を ひきます。
100の たばで 考えます。100の たばが 7−4で 3つです。
700−400=300(円)

7 水の かさ

教科書のドリルの答え　41 ページ

1 (1) 1L2dL　(2) 3L4dL

2 (1) 30　(2) 13
(3) 4，3

3 (1) 1L(10dL)
(2) 15mL
(3) 8dL
(4) 1L6dL(16dL)

4 (1) 30dL (2) 3L

考え方・とき方

1 (1) 1Lと 2dLで，1L2dL(12dL)です。
(2) 3Lと 4dLで，3L4dL(34dL)です。

2 (1) 1L=10dLだから，3L=30dLです。
(2) 1L=10dLだから，10dLと 3dLで 13dLです。
(3) 400mLが 4dLだから，403mL=4dL3mLです。

3 (1) 5dL+5dL=10dL，10dLは 1Lです。

（2）8mL+7mL=15mLです。
（3）1L=10dLだから，
10dL−2dL=8dLです。
（4）1L9dL−3dL=1L6dLです。
（1L6dLは 16dLです）

❹（1）2L4dLと 6dLを あわせます。
たし算を します。
2L4dLが 24dL だから，
24dL+6dL=30dLです。
（2）10dLが 1L だから，30dL=3L です。

おうちの方へ

水のかさの学習では，量の意味を正しく理解するために，実際に水を扱うことが大切です。次のような順番で学習をします。

① 2種類の容器に入る水のかさを比べるために，一方の容器に入れた水を他方の容器に移して調べます。
② 2種類の容器の水のかさを，それら以外の，何か基準になる第3の容器を用い，それのいくつ分と数えて調べます。
③ 社会的に通用するLますやdLますを用いて，それのいくつ分と数えて調べます。

※ 1年生で，①，②の学習をしています。2年生では，①，②を復習した上で，③の学習をします。
※ このような学習方法は「水のかさ」だけではなく，「長さ」の学習でも必要です。

テストに出るもんだい①の答え　42ページ

❶（1）5，8　（2）2　（3）26
（4）70　（5）3　（6）500
（7）1000（8）2，50

❷（1）4L［>］38dL
（2）2L［>］2dL
（3）5L［=］50dL
（4）800mL［<］9dL

❸ 13L

❹ 2L5dL（25dL）

考え方・とき方

❶（1）50dLが 5Lだから，
58dL=5L8dLです。
（2）10dLが 1L だから，20dL=2L です。
（3）2Lが 20dLだから，20dLと 6dLで 26dLです。
（4）1L=10dLだから，7L=70dLです。
（5）100mLが 1dLだから，
300mL=3dLです。
（6）1dL=100mLだから，
5dL=500mLです。
（7）1L=1000mLです。
（8）200mLが 2dLだから，
250mL=2dL50mLです。

❷ たんいを そろえてから くらべます。
（1）4Lが 40dLだから，4L>38dLです。
（2）2Lが 20dLだから，2L>2dLです。
（3）5Lが 50dLだから，5L=50dLです。
（4）800mLが 8dLだから，
800mL<9dLです。

❸ 8Lと 5Lを あわせます。たし算を します。
8L+5L=13L

❹ ジュース 3Lから，のんだ 5dLを ひきます。
3Lは 2Lと 10dLだから，5dLを ひいて 2L5dLです。
3L−5dL=2L5dL（25dL）

テストに出るもんだい②の答え 43 ページ

❶ 1dL　500mL　1L　50mL
〔3〕　〔2〕　〔1〕　〔4〕

❷ (1) 4L1dL(41dL)
(2) 4L2dL(42dL)
(3) 3dL(300mL)
(4) 1L7dL(17dL)

❸ ちさとさんの ほうが 20mL 多(おお)い。

❹ (1) 4L3dL　(2) 7dL

考え方・とき方

❶ たんいを そろえてから くらべます。
1dLが 100mL，1Lが 1000mLだから，多い じゅんに 1L，500mL，1dL，50mLです。

❷ (1) 3L7dL+4dL=3L11dL
=4L1dL(41dL)
(2) 5L−8dL=4L10dL−8dL
=4L2dL(42dL)
(3) 2dL60mL+40mL=2dL100mL
=3dL(300mL)
(4) 2L6dL−9dL=1L16dL−9dL
=1L7dL(17dL)

❸ たんいを そろえてから くらべます。
ちさとの 水とうは2dLだから 200mL，ゆうたの 水とうは180mLです。ちさとの ほうが 多いです。
ちがいは，200mLから 180mLを ひきます。
200mL−180mL=20mL

❹ (1) 2L5dLと 1L8dLを あわせます。たし算(ざん)を します。
2L5dL+1L8dL=3L13dL
=4L3dL
(2) やかんの 2L5dLから，びんの 1L8dLを ひきます。
2L5dL−1L8dL=25dL−18dL
=7dL

8 しきと　計算

教科書のドリルの答え 47 ページ

❶ (1) 33　(2) 28　(3) 12
(4) 25　(5) 15　(6) 24

❷ 22台(だい)

❸ 28まい

❹ 9ひき

考え方・とき方

❶ (1) 23+6+4=29+4
=33
〈べつの 計算(けいさん)〉
23+(6+4)=23+10
=33
(2) 18+9+1=27+1
=28
〈べつの 計算〉
18+(9+1)=18+10
=28
(3) 22−7−3=15−3
=12
〈べつの 計算〉
22−7−3=22−(7+3)
=22−10
=12
(4) 41−9−7=32−7
=25
〈べつの 計算〉
41−9−7=41−(9+7)
=41−16
=25

(5) 16+8−9=24−9
└ 左から 計算
=15

(6) 27−8+5=19+5
└ 左から 計算
=24

❷ 入って きた 車を まとめて たしましょう。

12+4+6=12+(4+6)
=12+10
=22(台)

❸ つかった 色紙を まとめて ひきましょう。

38−5−5=38−(5+5)
=38−10
=28(まい)

❹ 13 びきより 3 びき ふえて 7 ひき へるから，
しきは 13+3−7 です。

13+3−7=16−7
=9(ひき)

教科書のドリルの答え 49 ページ

❶ (1) 8　(2) 3
❷ (1) 35　(2) 50
(3) 21　(4) 52
❸ 35 わ
❹ 4 まい
❺ 26 ページ

考え方・とき方

❷ (1) 25+(6+4)=25+10
└ 先に 計算
=35

(2) 30+(7+13)=30+20
└ 先に 計算
=50

(3) 19−6+8=13+8
└ 左から 計算
=21

(4) 53+6−7=59−7
└ 左から 計算
=52

❸ はとが ふえるので たし算です。

25+(7+3)=25+10
=35(わ)

❹ 色紙が へるので ひき算です。
24−15−5 なので，ひく数を まとめて

24−(15+5)=24−20
└ 先に 計算
=4(まい)

❺ ページ数は へるので ひき算です。

96−34−36=96−(34+36)
=96−70
=26(ページ)

テストに出るもんだい①の答え 50 ページ

❶ (1) 30　(2) 31　(3) 16
(4) 23　(5) 16　(6) 21
❷ 25 わ
❸ 26 こ
❹ 16 わ

考え方・とき方

❶ (1) 15+6+9=21+9
└ 先に 計算
=30

または 15+6+9=15+15
└ 先に 計算
=30

(2) 21+5+5=21+(5+5)
=21+10
=31

(3) $26-4-6=26-(4+6)$
$=26-10$
$=16$

(4) $33-8-2=33-(8+2)$
$=33-10$
$=23$

(5) $19-8+5=11+5$
$=16$

(6) $27+3-9=30-9$
$=21$

❷ はとが ふえるので たし算です。
$12+6+7=18+7$
$=25$(わ)

❸ おはじきは へったり，ふえたり します。たし算と ひき算が まじります。
$30-12+8-18+8$
$=26$(こ)

❹ カラスは へったり，ふえたり します。
$13-5+8=8+8$
$=16$(わ)

テストに出るもんだい②の答え 51ページ

❶ (1) 60 (2) 11 (3) 18
❷ (1) 36 (2) 28 (3) 93
(4) 89 (5) 53 (6) 9
❸ 40こ
❹ 98こ

考え方・とき方

❷ (1) $26+5+5=26+10$
└ 先に 計算
$=36$

(2) $18+3+7=18+10$
└ 先に 計算
$=28$

(3) $43+48+2=43+50$
└ 先に 計算
$=93$

(4) $39+18+32=39+50$
└ 先に 計算
$=89$

(5) $63-4-6=63-(4+6)$
└ まとめる
$=63-10$
$=53$

(6) $49-18-22=49-(18+22)$
└ まとめる
$=49-40$
$=9$

❸ ミニトマトは へりつづけます。ひき算が つづきます。
$90-18-32=90-(18+32)$
$=90-50$
$=40$(こ)

❹ あつめた あきカンの 合計を 計算するので たし算です。
$28+37+33=28+70$
$=98$(こ)
ひっ算で すると，右のように なります。

$$\begin{array}{r} 28 \\ 37 \\ +\ 33 \\ \hline 98 \end{array}$$

9 たし算の ひっ算

教科書のドリルの答え 55ページ

❶ (1) 179 (2) 147 (3) 119
(4) 157 (5) 101 (6) 155
(7) 180 (8) 285
❷ 104本
❸ 161人
❹ 150本

考え方・とき方

❶ くり上がりの ある たし算です。

(1)
```
  82      82      82
 +97  →  +97  →  +97
           9     179
      2+7=9   8+9=17
```

(5)
```
  92      92      92
 + 9  →  + 9  →  + 9
           1     101
      2+9=11  1+9=10
```

❷ きくの 花は ふえるので たし算です。

86+18=104(本)

```
   86
 + 18
  104
```

❸ 男と 女を あわせた 数だから たし算です。

82+79=161(人)

```
   82
 + 79
  161
```

❹ 東がわの りんごの 木と 西がわの りんごの 木の 合計だから たし算です。

76+74=150(本)

```
   76
 + 74
  150
```

テストに出るもんだい①の答え　56ページ

❶ (1) 156　(2) 144　(3) 103　(4) 104

❷ (1) 133　(2) 193　(3) 291　(4) 390

❸ (1) 108人　　(2) 193人

❹ 192円

考え方・とき方

❶ (3)
```
    8
 + 95
  103
```
(4)
```
   48
 + 56
  104
```

❷ (3)
```
  232
 + 59
  291
```
(4)
```
  301
 + 89
  390
```

❸ (1) 56+52=108(人)

```
   56
 + 52
  108
```

(2) 108+85=193(人)

```
  108
 + 85
  193
```

❹ 105+87=192(円)

```
  105
 + 87
  192
```

テストに出るもんだい②の答え　57ページ

❶ (1) 138　(2) 106　(3) 123

❷ (1) 183　(2) 182　(3) 144

❸ 102ページ

❹ 242まい

❺ 110わ

考え方・とき方

❶ (1)
```
   73
 + 65
  138
```
(2)
```
   27
 + 79
  106
```
(3)
```
   87
 + 36
  123
```

❷ (1)
```
  175
 +  8
  183
```
(2)
```
  123
 + 59
  182
```
(3)
```
  105
 + 39
  144
```

❸ 49+53=102(ページ)

```
   49
 + 53
  102
```

❹ 205+37=242(まい)

```
  205
 + 37
  242
```

❺ たし算です。

87+23=110(わ)

```
   87
 + 23
  110
```

10 ひき算の ひっ算

教科書のドリルの答え　61ページ

❶ (1) 83　(2) 72　(3) 73
　(4) 99　(5) 87　(6) 89
　(7) 96　(8) 92

❷ 92cm

❸ 94人(にん)

❹ 8回(かい)

考え方・とき方

❶ くり下(さ)がりの ある ひき算(ざん)です。

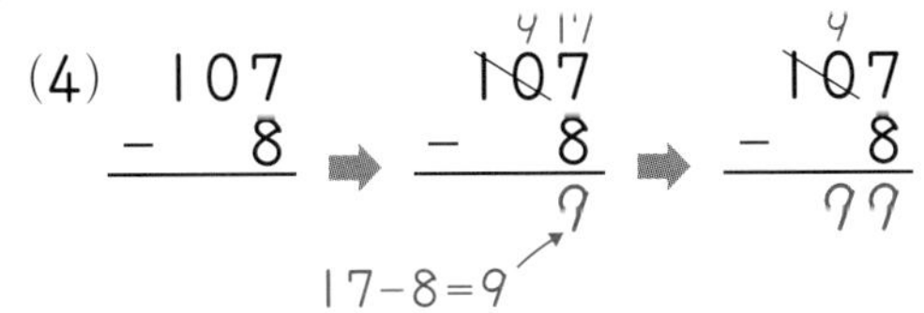

❷ 図(ず)を かくと つぎのように なります。

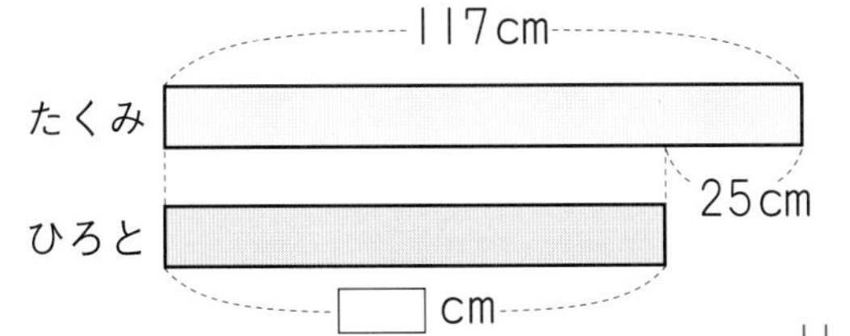

ひき算です。
117cm−25cm＝92cm

```
  117
−  25
   92
```

❸ 図は つぎのように なります。

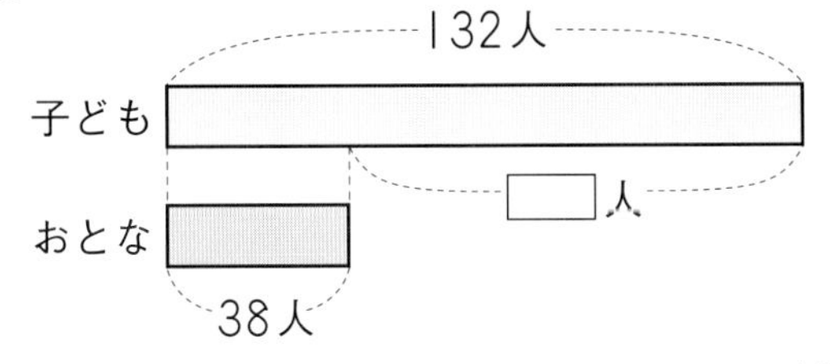

ひき算です。
132−38＝94(人)

```
  132
−  38
   94
```

❹ ひき算です。
106−98＝8(回)

```
  106
−  98
    8
```

テストに出るもんだい①の答え　62ページ

❶ (1) 122　(2) 62　(3) 127

❷ (1) 88　(2) 43　(3) 96

❸ (1) 55円(えん)　(2) できない，13円

❹ 34cm

考え方・とき方

❶ (3)

```
  162
−  35
  127
```

❷ (2)

```
  132
−  89
   43
```

(3)

```
  101
−   5
   96
```

❸ (1) 150−95＝55(円)

```
  150
−  95
   55
```

(2) ひき算です。
68−55＝13(円)

❹ 132−98＝34(cm)

```
  132
−  98
   34
```

テストに出るもんだい②の答え　63ページ

❶ (1) 108　(2) 215　(3) 101

❷ (1) 74　(2) 36　(3) 54

❸ 53人

❹ 58こ

❺ 37こ

考え方・とき方

❶ (1)

```
  173
−  65
  108
```

(2)

```
  272
−  57
  215
```

(3)

```
  120
−  19
  101
```

❷ (1)

```
  163
−  89
   74
```

(2)

```
  121
−  85
   36
```

(3)

```
  103
−  49
   54
```

❸ 113−60＝53(人)

❹ 図を かくと，つぎのように なります。

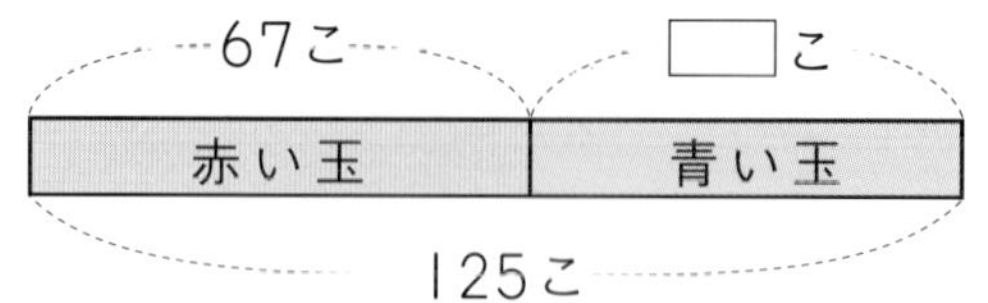

青い 玉は

125−67＝58(こ)

$$\begin{array}{r} 125 \\ -\ 67 \\ \hline 58 \end{array}$$

❺ 115−78＝37(こ)

$$\begin{array}{r} 115 \\ -\ 78 \\ \hline 37 \end{array}$$

11 かけ算(1)…5, 2, 3, 4 のだん

教科書のドリルの答え 67 ページ

❶ (1) 4 (2) 3 (3) 7 (4) 6

❷ 10cm

❸ (1) 25 (2) 15 (3) 40
(4) 20 (5) 5 (6) 30
(7) 45 (8) 35 (9) 10

❹ (1) 8 (2) 4 (3) 10
(4) 14 (5) 18 (6) 6
(7) 16 (8) 2 (9) 12

考え方・とき方

❶ (1) 5 を 4 回 たした 答えと，5×4 の 答えは 同じです。

5+5+5+5＝20

5×4＝20

(2) 2 を 3 回 たした 答えと，2×3 の 答えは 同じです。

(3) 5 を 7 回 たした 答えと，5×7 の 答えは 同じです。

(4) 2 を 6 回 たした 答えと，2×6 の 答えは 同じです。

❷ 5cm の 2 つ分の ことです。

5×2＝10(cm)

❸ 5 のだんの かけ算です。

❹ 2 のだんの かけ算です。

おうちの方へ

九九は，2の段か，または5の段から学習するのが一般的です。

1年生で，2ずつ，5ずつまとめて数えることを学習しますが，日常生活の中でも，かなり使っています。

また，**2の段は答えが必ず偶数**であること，**5の段は答えの一の位が5か0**となっていることなどの点で九九が考えやすいし，もし，忘れたとしても，簡単に答えを思い出すことができます。その上，2の段，5の段ともに，言い方の難しいものはありません。

このようなことを考えて，まず，2の段，または，5の段で九九を学習し，**かけ算のしくみを理解**してから，次に，3，4，6，7，8，9，1の段の九九を学習します。

教科書のドリルの答え 69 ページ

❶ (1) 9 (2) 24 (3) 18
(4) 6 (5) 3 (6) 15
(7) 21 (8) 12 (9) 27

❷ (1) 32 (2) 16 (3) 8
(4) 4 (5) 28 (6) 12
(7) 36 (8) 24 (9) 20

❸ 24 人

❹ 15dL

考え方・とき方

❶ 3 の かけ算です。三三が 9，三六 18，三七 21，三八 24 の いい方に ちゅういを します。

❷ 4 のだんの かけ算です。四七 28，四八 32 の いいかたに ちゅういを します。

❸ 1 クラスから 4 人ずつ えらび 6 クラス あるから 4 人の 6 ばいです。かけ算を

します。

4×6=24(人)

❹ 3dL の ジュースが 5本だから，3dL の 5ばいです。かけ算を します。

3×5=15(dL)

おうちの方へ

九九の学習は，繰り返し練習することが大切です。五一が5，五二10，五三15，…と，順に言うことができるようになったら，五九45，五八40，五七35，…と，逆に言ったり，五一が5，五三15，五五25，…と，とびとびに言ったり，指示にしたがって言ったりすることが必要です。

むやみに大きな声で言う必要はありませんが，小さい声ではあいまいになることがあります。**はっきり言う**ほうが，正しく確かな記憶に結びつきます。

テストに出るもんだい①の答え　70ページ

❶ (1) 30　(2) 8　(3) 20
(4) 27

❷ (1) 4　(2) 12　(3) 20
(4) 35　(5) 15　(6) 45
(7) 16　(8) 8

❸ 25まい

❹ 14こ

考え方・とき方

❶ (1) 5×6 だから，30 です。
(2) 2×4 だから，8 です。
(3) 4×5 だから，20 です。
(4) 3×9 だから，27 です。

❷ 2，3，4，5のかけ算です。
くりかえし おけいこを して おぼえましょう。

❸ 色紙を 5まいずつ 5人に くばるから，5まいの 5ばいです。
かけ算を します。
5×5=25(まい)

❹ ケーキが 2こずつ 7皿だから，2この 7ばいです。かけ算を します。

2×7=14(こ)

テストに出るもんだい②の答え　71ページ

❶ (1) 18　(2) 16　(3) 24
(4) 10　(5) 15　(6) 32
(7) 36　(8) 27　(9) 12
(10) 12　(11) 20　(12) 9
(13) 18　(14) 40　(15) 28

❷ 21人

❸ 24cm

❹ 40円

考え方・とき方

❶ 2，3，4，5の かけ算です。
くりかえし おけいこを して おぼえましょう。

❷ 3人がけの いすが 7つだから，3人の 7ばいです。かけ算を します。
3×7=21(人)

❸ 4cm の ひごが 6本だから，4cm の 6ばいです。かけ算を します。
4×6=24(cm)

❹ 5円の あめが 8こだから，5円の 8ばいです。かけ算を します。
5×8=40(円)

12 かけ算(2)… 6,7,8,9,1 のだん

教科書のドリルの答え　75ページ

❶ (1) 30　(2) 18　(3) 54
(4) 42　(5) 12　(6) 6
(7) 24　(8) 48　(9) 36

❷ (1) 42　(2) 63　(3) 14
(4) 35　(5) 7　(6) 56
(7) 49　(8) 21　(9) 28
❸ 30しゅう
❹ 28日

考え方・とき方

❶ 6のだんの かけ算です。六七42，六八48，六九54の いい方に ちゅういを します。
❷ 7の かけ算です。七三21，七四28，七七49，七八56の いい方に ちゅういを します。
❸ 1日 6しゅうして それが 5日間だから，6しゅうの 5ばいです。かけ算を します。
6×5＝30(しゅう)
❹ 1週間は 7日で，4週間 だから，7日の 4ばいです。かけ算を します。
7×4＝28(日)

おうちの方へ

九九は，かけ算の答えを反射的に求めることが目的です。そのために，反復練習によって，正しく覚えることが必要です。
特に，6の段以後の九九に，まちがいが多く見られます。これは，6の段以後の九九は後の方で学習するので，練習期間がどうしても短くなってしまうことや，言い方で発音のよく似ているものがあることが原因です。
カードなどを使った短時間の練習を，毎日継続することが大切です。

教科書のドリルの答え　77ページ

❶ (1) 72　(2) 48　(3) 32
(4) 16　(5) 56　(6) 8
(7) 40　(8) 64　(9) 24
❷ (1) 36　(2) 18　(3) 63
(4) 81　(5) 72　(6) 27
(7) 9　(8) 45　(9) 54

❸ (1) 3　(2) 9　(3) 6
(4) 7　(5) 4　(6) 8
❹ 48本

考え方・とき方

❶ 8の かけ算です。八七56，八八64，八九72の いい方に ちゅういを します。
❷ 9の かけ算です。九八72の いい方に ちゅういを します。
くりかえし おけいこを して おぼえましょう。
❸ (1)，(3)，(5) かけられる数が 1の 計算は，かける数が そのまま 答えに なります。
(2)，(4)，(6) かける数が 1の 計算は，かけられる数が そのまま 答えに なります。
❹ 8本の 花が 入った 花びんが 6こ あるので，8本の 6ばいです。
かけ算を します。
8×6＝48(本)

おうちの方へ

1　1の段については，「いちいちが1」，「いちにが2」という言い方では調子が出ないので，「いんいちが1」，「いんにが2」というように言います。
2　**九九は，かけ算の計算における基本的な学習**として重要です。どの九九についても十分な理解を図り，正しく速く用いることができるようにすることが大切です。

テストに出るもんだい①の答え　78ページ

❶ (1) 27　(2) 64　(3) 7
(4) 63　(5) 36　(6) 24
(7) 54　(8) 35　(9) 24
(10) 5　(11) 63　(12) 8
(13) 42　(14) 28　(15) 72

❷ 42まい
❸ 40L
❹ 72人

考え方・とき方

❶ 1の だんから 9の だんの かけ算です。
　くりかえし おけいこを して おぼえましょう。

❷ 1つの ロケットに 色いたを 7まい つかいます。ロケットは 6つ だから，7まいの 6ばいです。かけ算を します。
　$7\times6=42$(まい)

❸ 8L 入る バケツで 5はいだから，8Lの 5ばいです。かけ算を します。
　$8\times5=40$(L)

❹ 1チーム 9人の 野きゅうの チームが 8チームだから，9人の 8ばいです。かけ算を します。
　$9\times8=72$(人)

テストに出るもんだい②の答え　79ページ

❶ 6L
❷ 36こ
❸ 56人
❹ 54人
❺ 49cm

考え方・とき方

❶ 1L入りの 牛にゅうパックが 6本だから 1Lの 6ばいです。
　$1\times6=6$(L)

❷ 1だんに 9こ 入って 4だん あるから，9この 4ばいです。
　$9\times4=36$(こ)

❸ 8人の 人が つける テーブルが，7こ あるから 8人の 7ばいです。
　$8\times7=56$(人)

❹ 6人ずつの 組が 9組あるから 6人の 9ばいです。
　$6\times9=54$(人)

❺ 1本の 長さが 7cmで，7本 ならべるから 7cmの 7ばいです。
　$7\times7=49$(cm)

13 九九の きまり

教科書のドリルの答え　83ページ

❶ (1) 7　(2) 6
❷ (1) 5×2　(2) 3×9
　(3) 8×9　(4) 6×7
❸ $5\times7=35$，$7\times5=35$，35まい
❹ 21こ

考え方・とき方

❶ かけ算では，かける数が 1ふえると，答えは かけられる数だけ 大きく なります。

❷ かけられる数と かける数を 入れかえても，答えは 同じです。
(1) $2\times5=5\times2$　(2) $9\times3=3\times9$
(3) $9\times8=8\times9$　(4) $7\times6=6\times7$

❸ 絵は 1れつに 5まい はって あり，7れつ あります。5まいの 7ばいです。かけ算を します。
　$5\times7=35$(まい)
　1だん目には 7まい はってあり，5だん あります。7まいの 5ばいです。
　$7\times5=35$(まい)

❹ おかしは 6こずつ 4れつあるから，6この 4ばいで 24こです。3こ 食べるから，24こから 3こを ひきます。
　$6\times4=24$
　$24-3=21$(こ)

教科書のドリルの答え　85 ページ

❶ (1) $6\times9=54$, $6\times10=60$, $6\times11=66$, $6\times12=72$ と，答え(こたえ)は 6ずつ ふえるから 72

(2) $12+12+12+12+12+12=72$

(3) 6の 10ばいは 60
6の 2ばいは 12
あわせて $60+12=72$

❷ (1) ㋐12　㋑8　㋒15
(2) 4

考え方・とき方

❶ (1) $6\times9=54$
$6\times10=60$ ）+6
$6\times11=66$ ）+6
$6\times12=72$ ）+6

❷ (1) よこは かける数(かず)だから ひとつ 右に いく ことは「かける数が 1 ふえる」という ことです。「かける数が 1 ふえると，答(こた)えは かけられる数だけ 大きく」なります。
6から 9へ 3ふえて いるので，9から3ふえると ㋐になります。
12から 16へ 4ふえて いるので，㋑から 12へも 4ふえます。
上の 2つは 3のだんと 4のだんと いうことが わかります。したがって，㋒のある だんは 5のだんです。$10(5\times2)$ と $20(5\times4)$ の間(あいだ)は $15(5\times3)$ です。

テストに出るもんだいの答え　86 ページ

1 あ 28　い 42　う 21
え 28　お 48

2 (1) 2×8, 4×4, 8×2
(2) 3×8, 4×6, 6×4, 8×3
(3) 4×9, 6×6, 9×4

3 6こ

4 691円(えん)

考え方・とき方

1 1つ 右(みぎ)に いくと いくつ ふえるかを 考(かんが)えましょう。
あ 4×7 で 28です。
い 6×7 で 42です。
う 7×3 で 21です。
え 7×4 で 28です。
お 8×6 で 48です。

2 かけられる数と かける数を 入(い)れかえた 九九(くく)の ほかにも 考えます。
九九の ひょうを 思(おも)い出(だ)しましょう。

3 あめを 1人(ひとり)に 8こずつ 8人(にん)に あげるから，8この 8ばいで 64こ いります。70こから 64こを ひきます。
$8\times8=64$
$70-64=6$(こ)

4 1まい 9円の 画用紙(がようし) 7まいだから，9円の 7ばいで 63円です。
63円と クレヨンの 628円を あわせます。
$9\times7=63$
$63+628=691$(円)

14 三角形と 四角形

教科書のドリルの答え 89 ページ

❶ (1) 三角形　(2) 四角形

(3) へん，ちょう点

❷ (1) 三角形が 2つ

(2) 三角形が 1つと，四角形が 1つ

❸

(1)　(2)

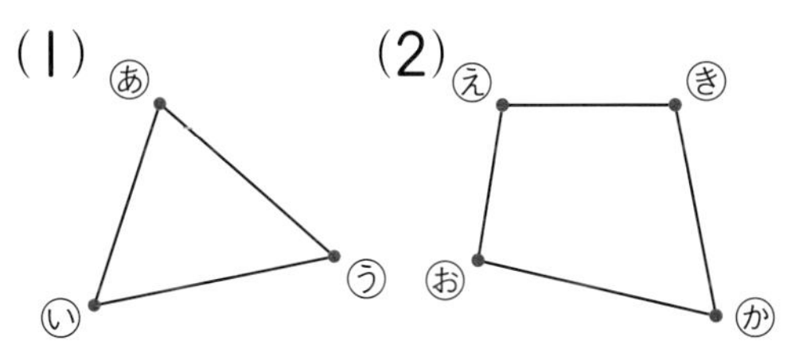

考え方・とき方

❷ 三角形の 紙に 線を ひき，線に そって 切って みましょう。

(1)　(2)

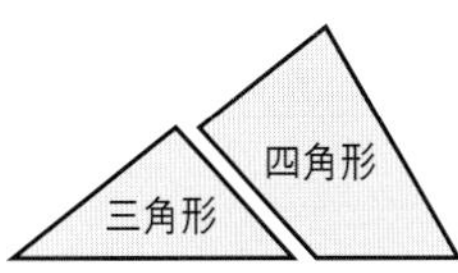

❸ 点と 点を 直線で つなぎます。

おうちの方へ

直線，辺，頂点などの用語が，覚えにくいときがあります。まず，内容を理解し，それに名前をつけるという考えで，用語の学習をすることが大切です。

2年生では，自分の手で操作することが重要です。定規を使って2点を結ぶ直線をひいたり，切り取った三角形や四角形の辺や頂点を手で触れたりして，用語と結びつけることが必要です。

教科書のドリルの答え 91 ページ

❶ (1) 長方形　(2) 正方形

(3) 直角三角形

❷ (1) 直角三角形(三角形でもよい)が 2つ

(2) 直角三角形(三角形でもよい)が 4つ

❸ (1)

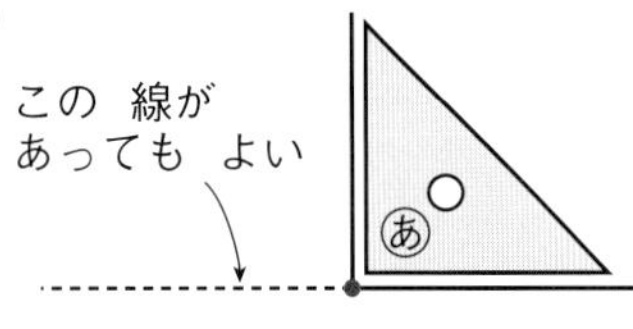

(2)

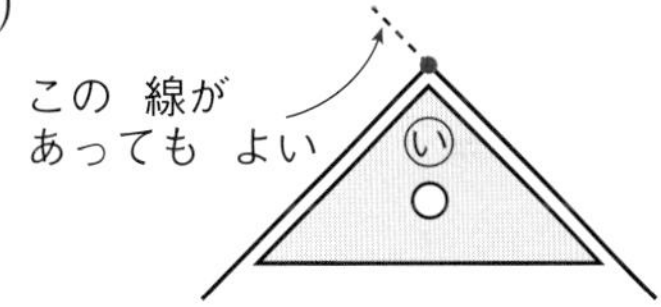

考え方・とき方

❷ 長方形や 正方形の 紙に 線を ひき，線に そって 切って みましょう。

(1)　(2)

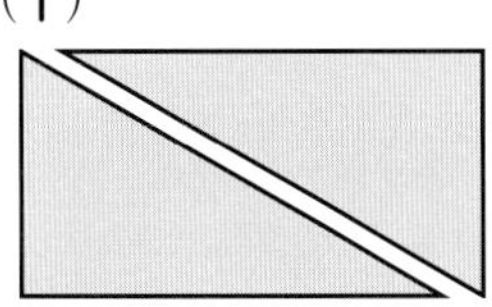

直角三角形(三角形でもよい)が 2つ　直角三角形(三角形でもよい)が 4つ

❸ 三角じょうぎの 直角に なって いる かどを つかいます。

おうちの方へ

1 紙を折ってできる角の形から，直角を学習することがあります。これは，操作を通して意味を理解するので，たいへん効果的です。[p.90 参照]

しかし，このことだけで直角の意味が理解できるものではありません。直角を身の回りのものから見つけたり，直角と直角でないものを区別したりしながら，学習を進めていくことが大切です。

2 長方形そのものには，たてとよこの区別はありません。一方をたてとみれば，他方がよことなるのです。

テストに出るもんだい①の答え　92ページ

❶ (1) ㋖, ㋗　(2) ㋐, ㋒, ㋓

❷ 四角形

❸ (1)　(2)

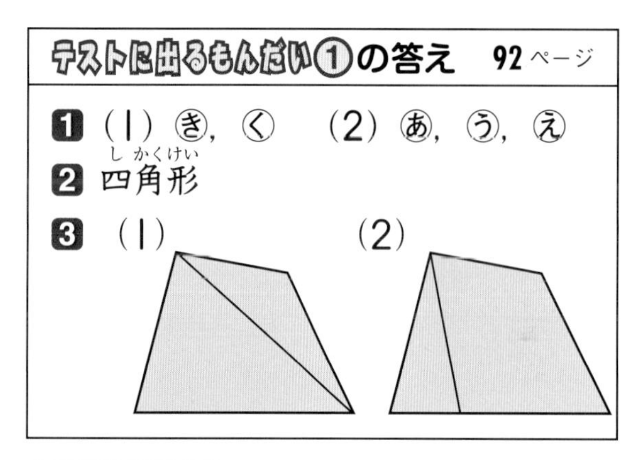

考え方・とき方

❶ 3本の 直線で かこまれた 形が 三角形です。

4本の 直線で かこまれた 形が 四角形です。

㋑は, 線が まがって います。

㋕は, 直線で かこまれて いない ところが あります。

❷ 色紙を 2つに おって 線を ひき, 線に そって 切りひらいて みましょう。

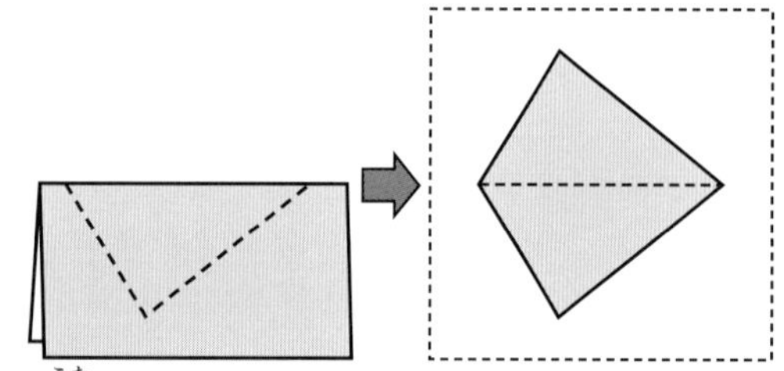

❸ 答えは いくつか あります。

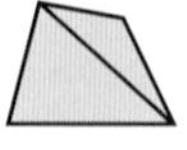 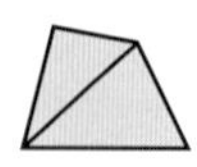

(2)

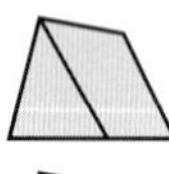 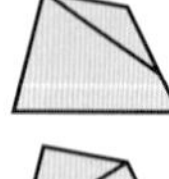

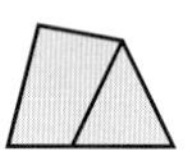 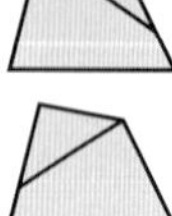

テストに出るもんだい②の答え　93ページ

❶ (1) ㋐, ㋕　(2) ㋓, ㋔

(3) ㋑, ㋗

❷ (れい)

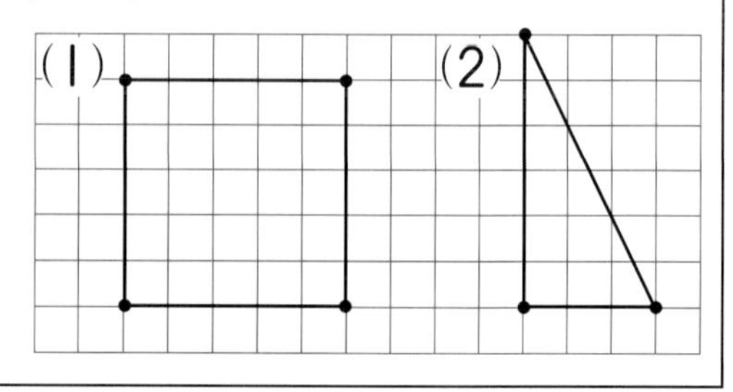

考え方・とき方

❶ かどが みんな 直角に なって いる 四角形が 長方形です。

かどが みんな 直角で, へんの 長さが みんな 同じ 四角形が 正方形です。

1つの かどが 直角に なって いる 三角形が 直角三角形です。

❷ 答えは いくつか あります。

長さと 形が 正しければ, かいた 場しょや むきが ちがって いても よいです。

15 長さ(2)…m

教科書のドリルの答え　97ページ

❶ 1m75cm

❷ (1) 300　(2) 2　(3) 1, 30

(4) 150

❸ (1) 8m　(2) 1m70cm

(3) 4m　(4) 40cm

❹ 1m54cm

考え方・とき方

❶ 1mの ものさしで 1つ分と あと 75cmだから，1mと 75cmを あわせて 1m75cmです。

❷（1）1m=100cmだから，3m=300cmです。

（2）100cmが 1mだから，200cm=2m です。

（3）100cmが 1mだから，130cm=1m 30cm です。

（4）1mが 100cmだから，100cmと 50cmで 150cmです。

❸（2）計算を ひっ算で する ことが できます。たんいを そろえて 書きます。

```
  1m40cm
+   30cm
--------
  1m70cm
```

1m40cm+30cm=1m70cm

（4）1m=100cmだから，100cm−60cmで 40cm です。

❹ まどかさんの しん長 1m24cmと，台の 高さ 30cmを あわせます。

たし算を します。

1m24cm+30cm=1m54cm

おうちの方へ

1 **長さの計算の問題**で，単位がちがうときは一方の単位にそろえて計算をします。

さらに，答えで単位を指示しているときは，計算で出た答えの単位を，もう一度指示どおりになおすことが必要です。

2 長さの単位を知っているだけではなく，実際に**どのくらいなのか，感覚としてつかむ**ことが必要です。

自分の身体とか身近なものの長さを測り，それを感覚として身につけることが必要です。

テストに出るもんだい①の答え 98ページ

1	（1）m	（2）mm
	（3）m	（4）cm
2	（1）132	（2）1，80
	（3）105	（4）1，7
3	（1）3m40cm	（2）2m90cm
	（3）1m20cm	（4）1m60cm
4	90cm	

考え方・とき方

1（1），（3）なわとびの なわの 長さや プールの 長さのように，長い 長さには mを つかいます。

（2）教科書の あつさのように，みじかい 長さには，mmを つかいます。

（4）教室の つくえの 高さには，cmを つかいます。

2（1）1mが 100cmだから，100cmと 32cmで 132cmです。

（2）100cmが 1mだから，180cm=1m80cm です。

（3）1m=100cmだから，100cmと 5cmで 105cmです。

（4）100cmが 1mだから，107cm=1m7cmです。

3（1）1m40cm+2m=3m40cm

（2）2m60cm+30cm=2m90cm

（3）5m20cm−4m=1m20cm

（4）1m90cm−30cm=1m60cm

4 たて 1m80cmから よこ 90cmを ひきます。

1m80cm−90cm=180cm−90cm
=90cm

テストに出るもんだい②の答え　99ページ

❶ (1) 5m
(2) 670cm
(3) 510cm
(4) 3m2cm
❷ (1) 5m40cm　(2) 4m20cm
❸ 1m90cm
❹ 40cm
❺ 90m

考え方・とき方

❶ たんいを そろえてから くらべます。
(1) 4m80cm は 480cm, 5m は 500cm だから，5m のほうが 長(なが)い。
(2) 6m7cm は 607cm だから，670cm のほうが 長い。
(3) 510cm は 5m10cm だから，510cm のほうが 長い。
(4) 3m2cm は 302cm だから，3m2cm のほうが 長い。
❷ (1) 3m40cm+2m=5m40cm
(2) 4m50cm−30cm=4m20cm
❸ きのう 作(つく)った わかざり 80cm と，今日(きょう) 作った 1m10cm を あわせます。
たし算(ざん)を します。
80cm+1m10cm=1m90cm
❹ えりが とんだ 1m30cm から，まきが とんだ 90cm を ひきます。
1m30cm−90cm=130cm−90cm
=40cm
❺ えきから 学校(がっこう)までの 170m から，えきから ひろきの 家(いえ)までの 80m を ひきます。
170m−80m=90m

16 10000までの 数

教科書のドリルの答え　103ページ

❶ (1) 3958　(2) 1613
(3) 7069　(4) 4900
(5) 5201　(6) 6002
❷ 3052 まい
❸ (1) 6793　(2) 4058
(3) 3600　(4) 10000
❹ 6 こ

考え方・とき方

❶
くらいを あらわす 数(かず)
(1) 三(千)九(百)五(十)八
これらの 数を ならべます
3　9　5　8
(3) 百のくらいの 数は ないので，0 で あらわします。
七千(　)(百)六十九
7　0　6　9
└0を 書(か)いて おく
(4) 十と 一のくらいの 数は ないので，0で あらわします。
(5) 十のくらいの 数は ないので，0 で あらわします。
(6) 百と 十のくらいの 数は ないので，0で あらわします。
❷ 1000 のたばを 3 つ，10 のたばを 5 つ，1 を 2 つ あわせた 数です。
❸ (1) 1000 を 6 つ，100 を 7 つ，10 を 9 つ，1 を 3 つ あわせると，6793 に なります。
(2) 100 は ないので，百のくらいの 数は 0 で あらわします。

(3) 100を 36こ あつめた 数は
3600です。
(4) 1000を 10こ あつめた 数は
10000です。

❹ 6000は 1000を 6こ あつめた 数です。

テストに出るもんだいの答え 104ページ

❶ (1) 5608 (2) 3006
(3) 4090 (4) 7500
❷ (1) 3000, 3010
(2) 5800, 6000
❸ (1) 1500 (2) 2300
(3) 8000 (4) 2345
(5) 8705
❹ ㋐ 1800 ㋑ 4000
㋒ 6300

考え方・とき方

❶ (1) 十のくらいの 数(かず)は ないので, 0で あらわします。
5608と なります。
↑十のくらい
(2) 百と 十のくらいに 数が ありません。
3006と 0が 2つ つづきます。
(3) 百と 一のくらいに 数が ありません。
4090と なります。
(4) 十と 一のくらいに 数が ありません。
7500と 0が 2つ つづきます。

❷ (1) 10ずつ ふえて いきます。
2990の つぎは 3000です。
3000の つぎは 3010です。
(2) 100ずつ ふえて いきます。
5700の つぎは 5800です。
5900の つぎは 6000です。

❸ (1) 100を 10こ あつめた 数は 1000
100を 5こ あつめた 数は 500
100を 15こ あつめた 数は 1500
(2) 100を 20こ あつめた 数は 2000
100を 3こ あつめた 数は 300
100を 23こ あつめた 数は 2300
(3) 1000を 8こ あつめた 数は 8000
(4) 2000と 300と 40と 5を あわせた 数は 2345
(5) 8000と 700と 5を あわせた 数は 8705

❹ いちばん大(おお)きい めもりは 1000で, いちばん小さい めもりは 100です。
㋐ 1000と 800で 1800
㋑ ちょうど 4000
㋒ 6000と 300で 6300

17 もんだいの考えかた(1)

教科書のドリルの答え 108ページ

❶ 25本(ほん)
❷ 6ぴき
❸ 19こ
❹ 13まい

考え方・とき方

❶ はじめの 数を 考(かんが)える もんだいです。
花を 8本 とった のこりが 17本だから, たし算(ざん)を します。
17+8=25(本)

❷ ふえた 数を 考える もんだいです。池の 金魚が 12ひきから 18ひきに ふえたのだから，18ひきから 12ひきを ひきます。

18−12=6(ぴき)

❸ へった 数を 考える もんだいです。24この ケーキが 5こに へったのだから，24から 5を ひきます。

24−5=19(こ)

❹ はじめの 数を 考える もんだいです。15まい もらって 28まいに なったので，28から 15を ひきます。

28−15=13(まい)

おうちの方へ

1 テープ図は，具体物と関連づけた絵図を，しだいに簡単にしていったものです。[p.106，107参照]

数をテープ図で考えること自体がかなり抽象的なので，2年生では，**数を自由にテープ図で表し，その大小関係に注目させる**ことが大切です。

なお，3年生からは，線分図で考えていきます。

2 文章題の式では，

17+8=25　　　　25本

のように，単位をつけない式とし，答えに単位をつけるのが基本です。

しかし，長さ(cm，mm)とかさ(L，dL，mL)については，単位を統一しないほうが分かりやすいので，単位をつけた式で表しています。

5cm5mm+3cm=8cm5mm

1L5dL−3dL=1L2dL

3「たし算でやるの，ひき算でやるの」と聞いてくるのは，**文章の意味が理解できていない**のが原因です。具体的場面を通して，ことば(**ふえた，入れる，あわせて，もらった，あげた，出ていく，ちがいは，おとした**など)の意味を正しくとらえさせることが必要です。

また，最初から1人で解く姿勢で問題を読み，それぞれの場面を頭に浮かべ，それをテープ図などに表すように習慣づけさせることが大切です。

テストに出るもんだいの答え　109ページ

❶ 12ひき
❷ 36こ
❸ 19ひき
❹ 16cm

考え方・とき方

❶ はじめの 数を もとめる もんだいです。8ひき くわえて 20ぴきに なったので ひき算です。

20−8=12(ひき)

❷ くばった 数と のこった 数を たすと はじめの 数が 出ます。

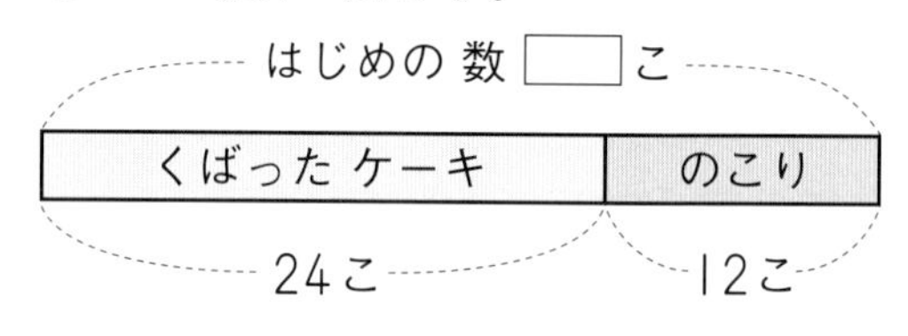

24+12=36(こ)

❸ かっていた 31ぴきから のこりの 12ひきを ひくと あげた 数が 出ます。

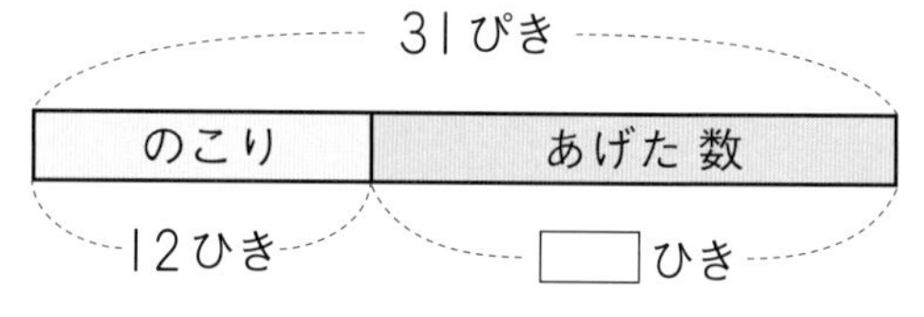

31−12=19(ひき)

❹ 24cmから 8cmを ひくと，のびた 長さが 出ます。

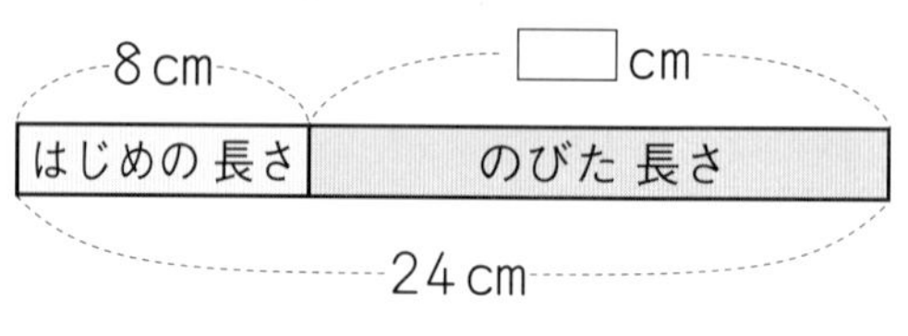

24−8=16(cm)

18 もんだいの 考えかた(2)

教科書のドリルの答え　114 ページ

❶ 65cm
❷ 22 こ
❸ 124 円

考え方・とき方

❶ 黄色の テープは，80cm の みどりの テープより 15cm みじかいから，80cm から 15cm を ひきます。
　80cm−15cm=65cm

❷ サッカーボールは，バレーボールより 8 こ 少ないので，バレーボールのこ数の 30 こから 8 こを ひきます。
　30−8=22(こ)

❸ 図を かいて どちらの ねだんが 高いのか 考えます。りんごが ももより 24 円 やすいので，ももは りんごより 24 円 高くなります。ですから，ももの ねだんは りんごの ねだんに 24 円 たしたものです。
　100+24=124(円)

テストに出るもんだいの答え　115 ページ

1 18 人
2 79 円
3 120 円
4 1m19cm

考え方・とき方

1 ちがいを 考える もんだいです。
　女の子は，14 人の 男の子より 4 人 多いから，たし算を します。
　14+4=18(人)

2 ちがいを 考える もんだいです。

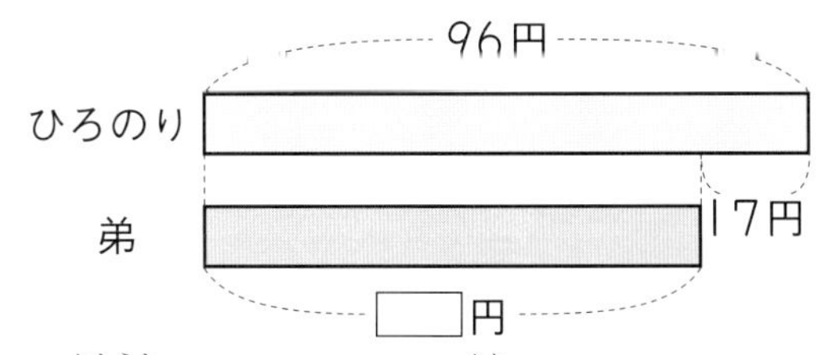

　弟の つかった お金は，ひろのりの 96 円より 17 円 少ないから，96 円から 17 円を ひきます。

```
  8
  96
− 17
  79
```

　96−17=79(円)

3 ちがいを 考える もんだいです。

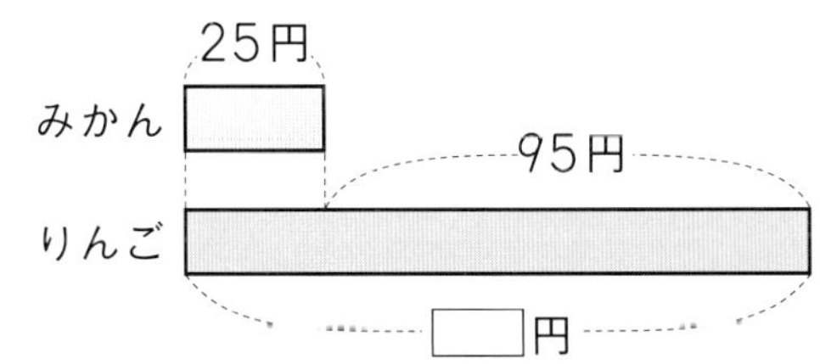

りんごは みかんの 25 円より 95 円 高いのです。

```
   1
  25
+ 95
 120
```

　25+95=120(円)

4 ちがいを 考える もんだいです。

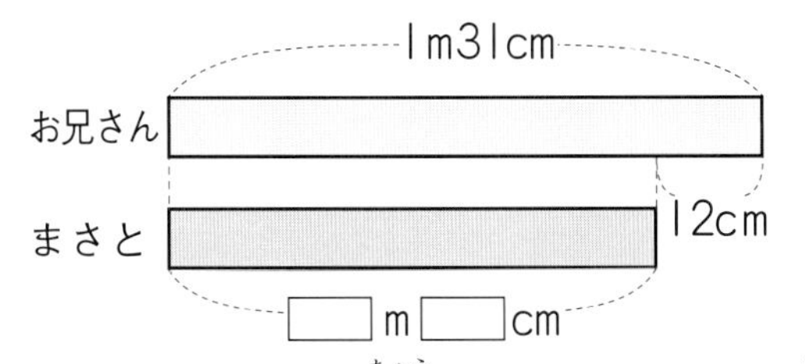

　まさとの しん長は 1m31cm の お兄さんより 12cm ひくいので，1m31cm から 12cm を ひきます。
　1m31cm−12cm=1m19cm

19 はこの 形

教科書のドリルの答え 119ページ

❶ ㋐ 面　㋑ ちょう点
　㋒ へん

❷ (1) 3cm の ひごが 4本と，
　　5cm の ひごが 4本と，
　　8cm の ひごが 4本
　(2) 8つ

❸ ㋓

考え方・とき方

❷ (1) 3cm，5cm，8cm の ひごが，それぞれ 4本ずつ いります。
(2) ちょう点は 8つです。

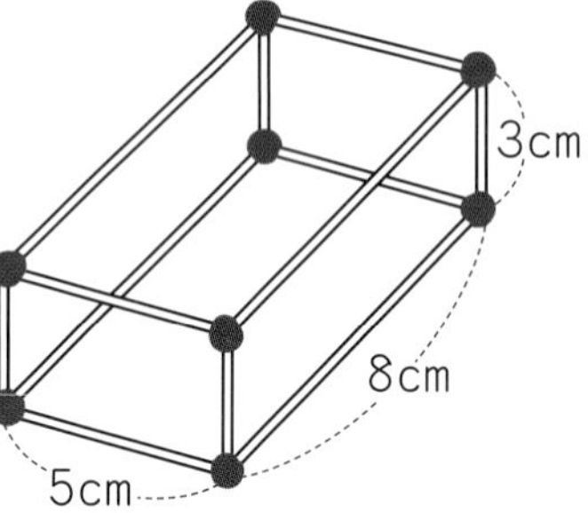

❸ ㋐，㋑，㋒の ひらいた 図です。

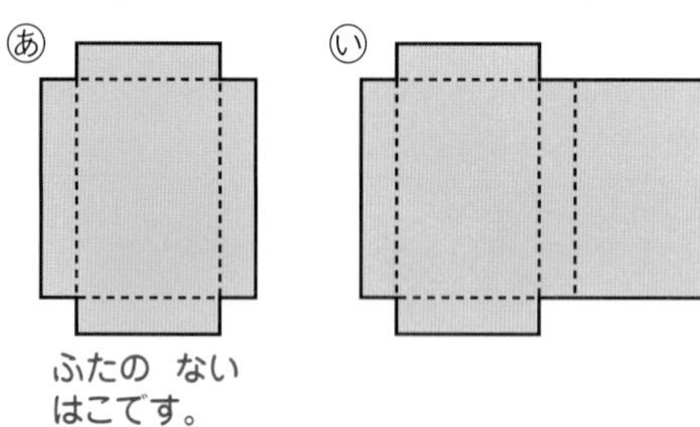

ふたの ない はこです。

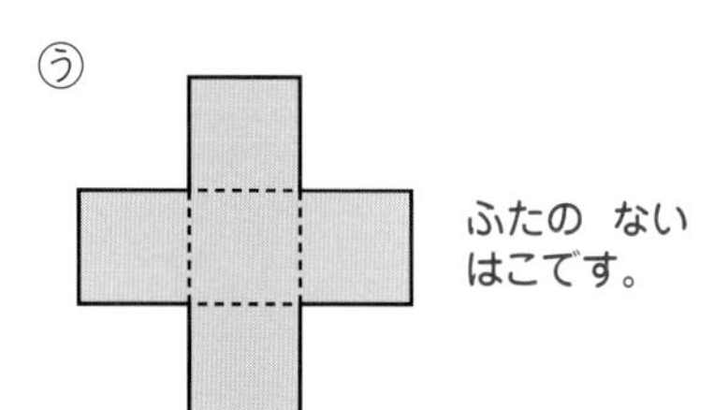

ふたの ない はこです。

おうちの方へ

面や辺，頂点を数えるときは，数えなかったり，重ねて数えたりしないように，数えた所に印をつける習慣を身につけることが重要です。

テストに出るもんだい①の答え 120ページ

❶ (1) 6つ　(2) 12　(3) 8つ

❷ ㋑が 2まいと，㋓が 2まいと，㋔が 2まい

❸ (1) 2こ
　(2) 4cm の ひごが 1本と，5cm の ひごが 2本と，8cm の ひごが 2本

考え方・とき方

❶ 見える ところ だけではなく，見えない ところも 数えます。
　このような はこの 形には，面が 6つ，へんが 12本，ちょう点が 8つ あることを おぼえて おきましょう。

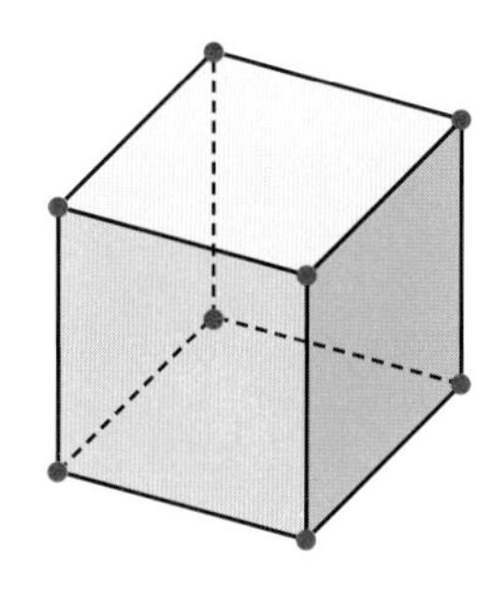

❷ ひらいた 図を 考えます。

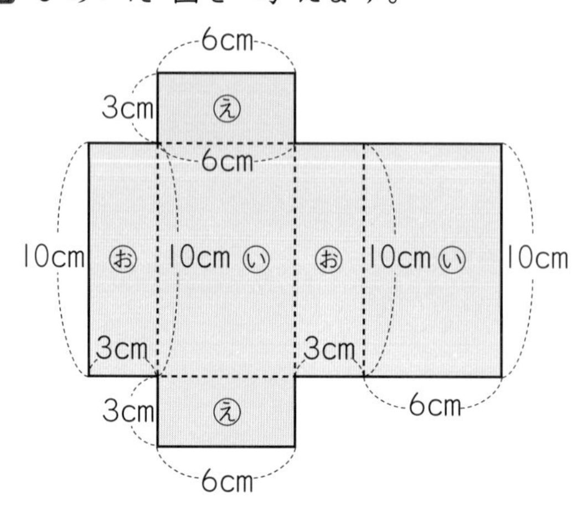

㋑が 2まいと，㋓が 2まいと，㋔が 2まいです。面は 6つです。

3 (1) ねん土の 玉が 2こ たりません。
(2) 4cmの ひごが 1本と，5cmの ひごが 2本と，8cmの ひごが 2本 たりません。

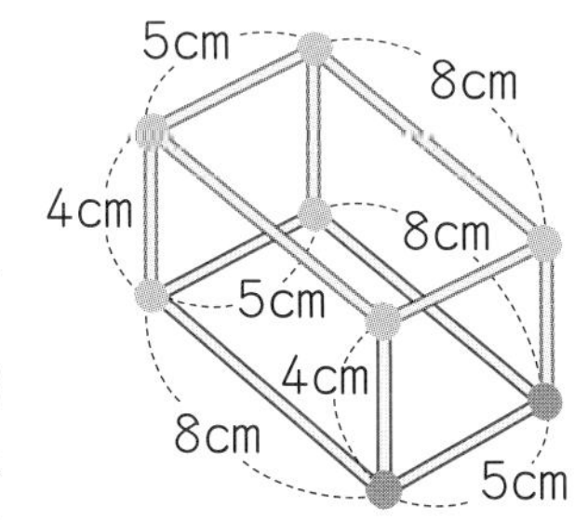

テストに出るもんだい②の答え 121 ページ

1 (1) ⚅ (2) ⚄ (3) ⚃

2 (1) ㋑ (2) ㋒

考え方・とき方

1 方がん紙で さいころを つくって たしかめて みましょう。
さいころの むかい合った 目の 数を たすと 7に なります。

2 (1) さいころの 形には，同じ 大きさの 面が 6つ あります。
㋐は はこの 形が できません。
(2) はこの 形には，同じ 大きさの 面が 2つずつ あります。
㋓は 面が 8つあり，はこの 形が できません。

20 分　数

教科書のドリルの答え 125 ページ

1 (1) ㋐，㋕，㋘，㋚
(2) ㋒，㋓，㋙
(3) ㋑，㋔，㋖，㋗，㋛

考え方・とき方

1 それぞれの 図で，もとの 大きさの どれだけが ぬられているか ちゃんと 見ましょう。点線で，同じ 大きさに く切られています。

テストに出るもんだいの答え 126 ページ

1 (1) 2 (2) 4

2 (1) (2) (3)

3 (1) (2)

4 (1) (2)

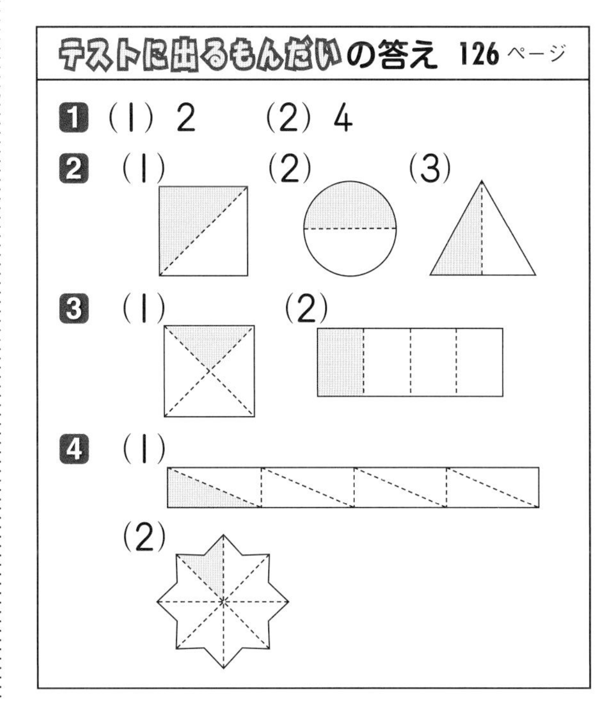

考え方・とき方

2，**3**，**4** ほかにも 答えは あります。

2 もとの 大きさを 2つに 分けたうちの 1つ。

3 もとの 大きさを 4つに 分けたうちの 1つ。

4 もとの 大きさを 8つに 分けたうちの 1つ。